4.1　实例：火焰特效案例讲解

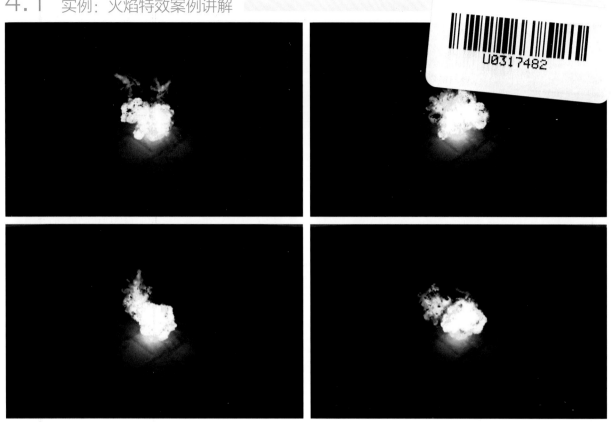

4.2　实例：雪花飞舞特效案例讲解

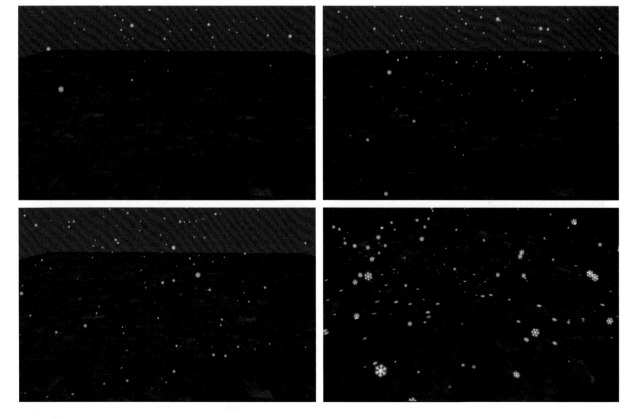

5.2 实例：武器特效案例讲解

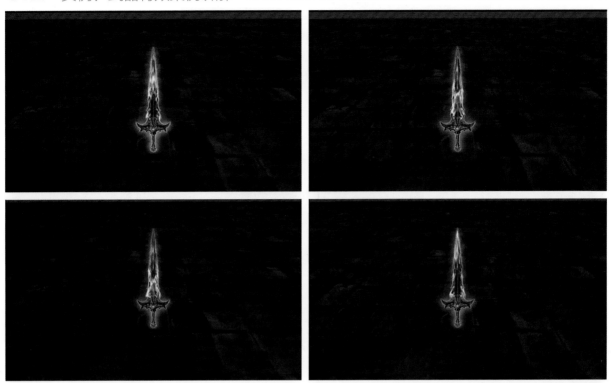

5.2 实例：BUFF特效案例讲解

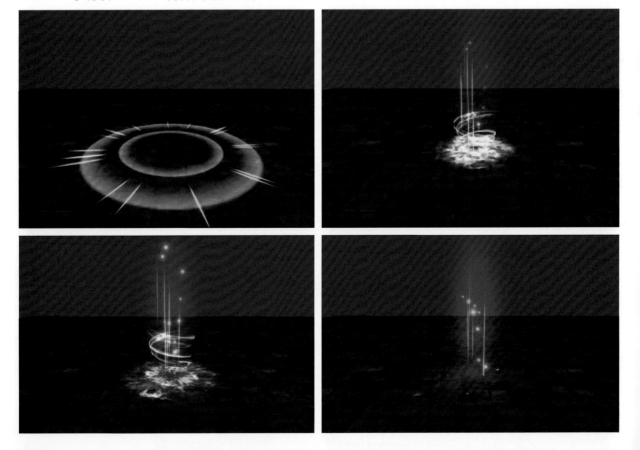

5.3 实例：刀光特效案例讲解

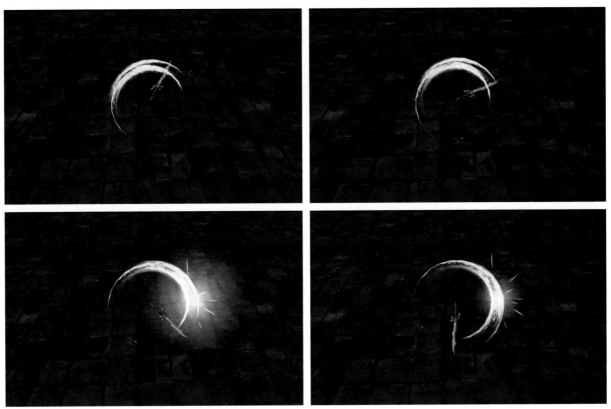

6.1 实例：受击特效案例讲解

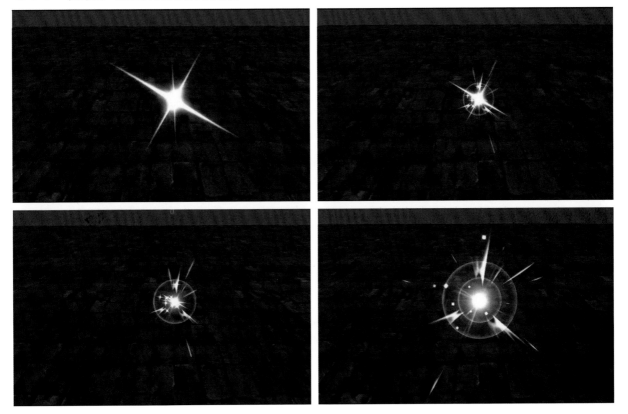

6.2 实例：飞行弹道特效案例讲解

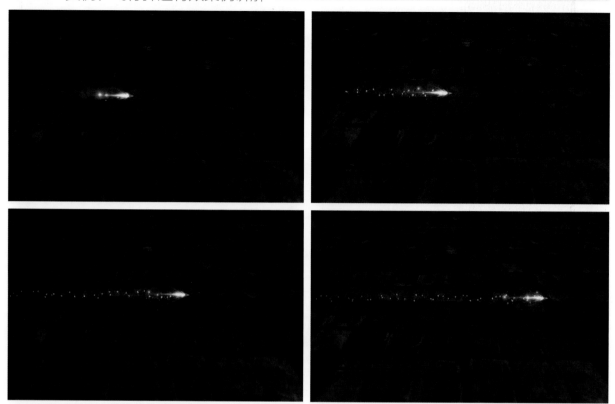

6.3 实例：UI特效案例讲解

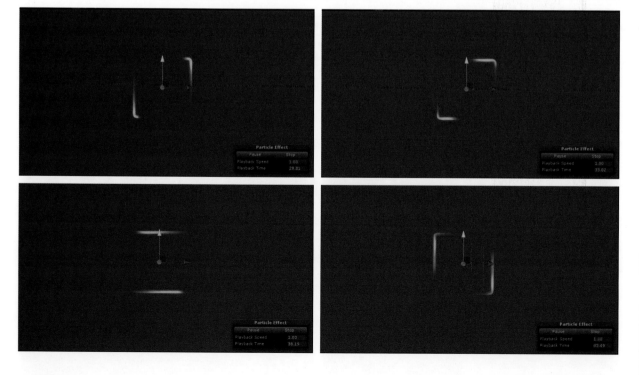

7.1 实例：旋风斩特效案例讲解

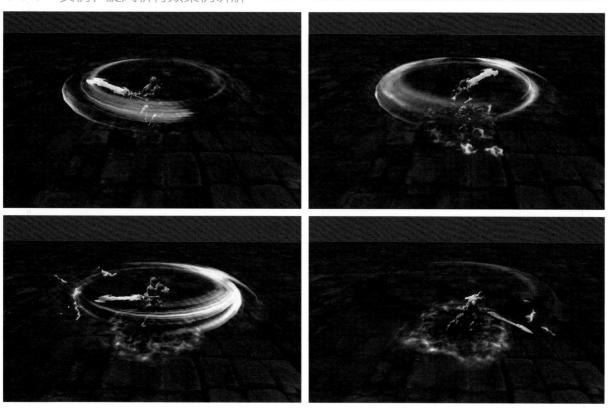

7.2 实例：3连击特效案例讲解

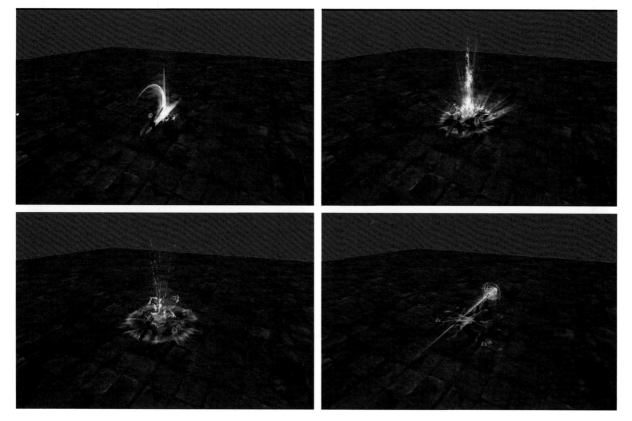

8.1 实例：冰冻术特效案例讲解

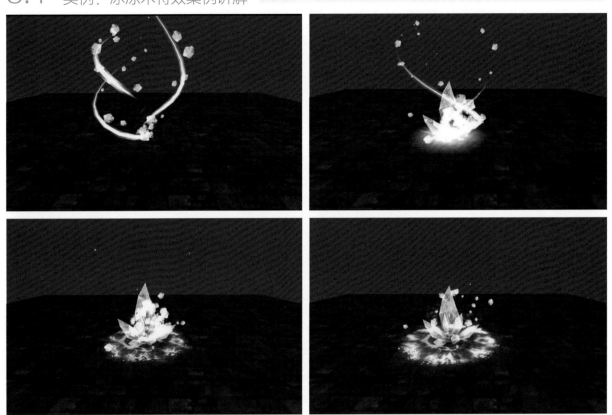

8.2 实例：法系旋风特效案例讲解

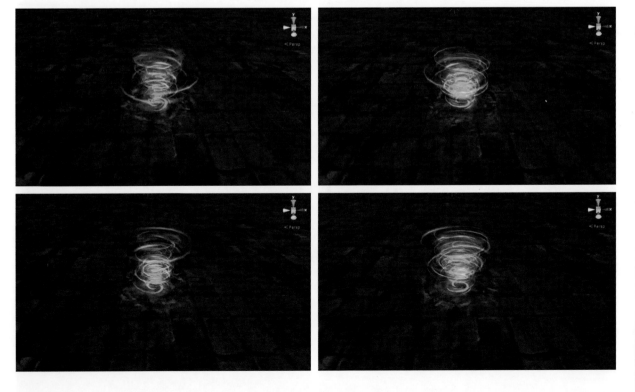

8.3 实例：闪电特效案例讲解

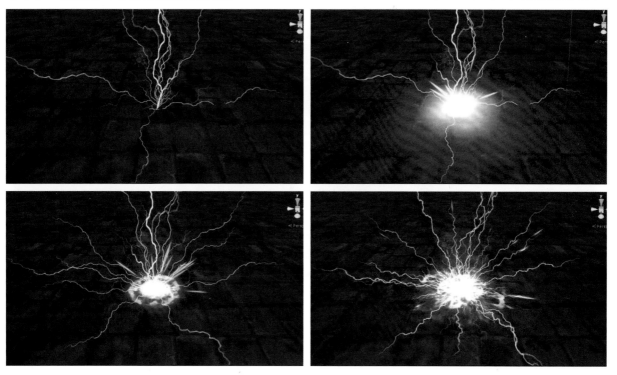

9.1 实例：加血特效案例讲解

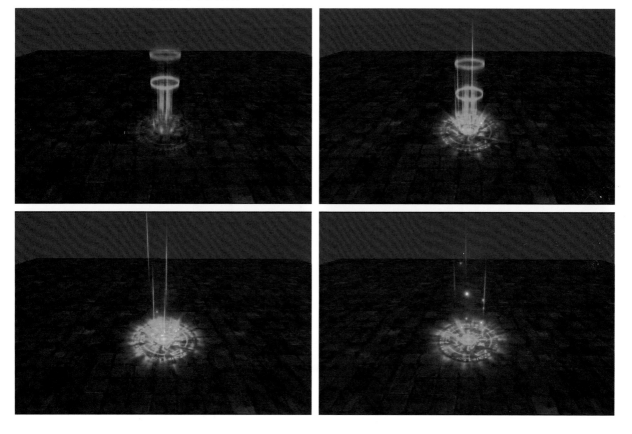

9.2 实例：传送门特效案例讲解

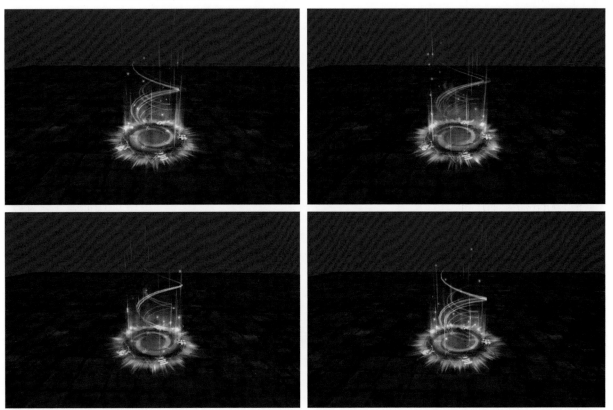

9.3 实例：升级特效案例讲解

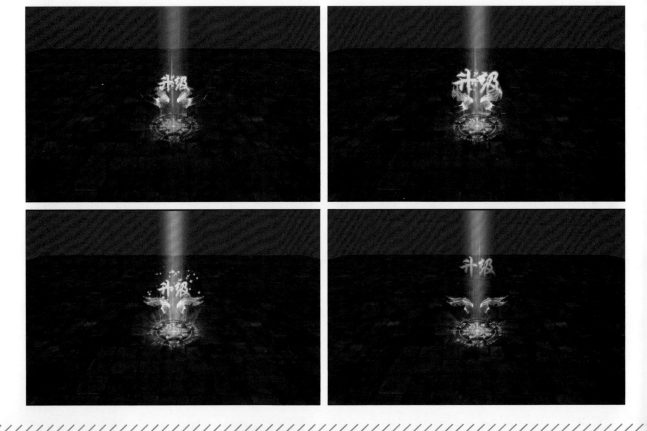

Unity 3D

游戏特效制作
典型实例

张天骥　编著

人民邮电出版社

北　京

图书在版编目（CIP）数据

Unity 3D游戏特效制作典型实例 / 张天骥编著. --
北京：人民邮电出版社，2017.7
ISBN 978-7-115-45522-2

Ⅰ. ①U… Ⅱ. ①张… Ⅲ. ①游戏程序—程序设计
Ⅳ. ①TP317.6

中国版本图书馆CIP数据核字(2017)第097694号

内 容 提 要

本书主要讲解 Unity3D 游戏引擎概述、游戏特效基础知识、Unity3D 基础知识入门，以及 Unity3D 特效设计与制作，具体特效案例包括Unity3D 场景特效、Unity3D 与 MAX 的基本配合、粒子系统、物理攻击特效、法术攻击特效及通用类技能特效等。书中涉及的游戏特效开发技术与目前游戏公司项目开发同步，Unity3D 游戏引擎的引入能够使读者拥有与游戏研发公司相同的研发手段，是直接上岗工作的捷径。

本书是一本全面而详细的手机游戏特效教材，随书资源包括书中所有案例的素材文件和工程文件。本书不仅合适初、中、高级读者学习 Unity3D 使用，也可以作为高等院校游戏设计相关专业的辅助用书及教师的参考用书。

◆ 编　著　张天骥
　　责任编辑　张丹阳
　　责任印制　陈　犇

◆ 人民邮电出版社出版发行　　北京市丰台区成寿寺路 11 号
　　邮编　100164　电子邮件　315@ptpress.com.cn
　　网址　http://www.ptpress.com.cn
　　北京瑞禾彩色印刷有限公司印刷

◆ 开本：787×1092　1/16
　　印张：14.5　　　　　　　　彩插：4
　　字数：440 千字　　　　　　2017 年 7 月第 1 版
　　印数：1—2 500 册　　　　　2017 年 7 月北京第 1 次印刷

定价：79.00 元

读者服务热线：(010)81055410　印装质量热线：(010)81055316
反盗版热线：(010)81055315
广告经营许可证：京东工商广登字 20170147 号

前 言

中国游戏 IT 市场发展已经有十几年了，这十几年间，历经了端游的庞大、页游的轻快，以及现在手游的精简。游戏这个新兴行业从牙牙学语爬行的婴儿，长大成熟。高速的发展，游戏公司的快速崛起，意味着人才的短缺，以及庞大的需求量，其中以优秀的 Unity3D 游戏特效设计师、策划以及程序员最为抢手，往往一名优秀的 Unity3D 游戏特效师、策划或程序员代表的就是高薪白领。

但关于 Unity3D 游戏特效的设计书，市场上并不多。很多爱好者苦于无教学，从网上搜索到的零零碎碎教程，无疑会让学习变得事倍功半，甚至觉得特效难学，从而放弃。希望本书成为这些学习人员的指路明灯，这也是本书创作的初衷。

一位良师往往意味着捷径。这是一本关于 Unity3D 游戏特效设计的教程书，本书适用于广大游戏开发人员、游戏开发爱好者、计算机专业的学生以及游戏人才培训机构等。全书针对初、中、高级别学员手把手地教导，是一位 Unity3D 游戏特效设计良师。

本书内容专业、有针对性，通俗易懂，以实战典案例为指导，通过讲解基础操作、粒子系统的进阶学习、Unity3D 场景特效分析与讲解、Unity3D 与 Max 的基本配合、物理和法术攻击的特效讲解、UI 特效讲解等，为游戏开发技术带来实质性的帮助，让读者朋友从零基础到深入学习 Unity3D 特效设计。此外，本书还附赠资源，包括书中案例的源文件，读者扫描"资源下载"二维码，即可获得下载方法。

资源下载

同时本书也是一本系统教学参考，图文搭配，方便学习以及教导学生。本书由"中梦网"技术社区提供售后技术指导服务，读者有问题可登录"中梦网"进行互动交流。本书阅读轻松，强度不高，不会令人难以接受，读者每日只需花费一些时间便可受益匪浅。有志者，事竟成。在这里，衷心地祝每位读者都能够学有所成，希望本书能成为读者的指路明灯，伴读者成长、辉煌。

詹双榕

2017 年 5 月

第 1 章　Unity3D 游戏引擎概述

第 2 章　游戏特效基础知识

目　录

第 3 章 Unity3D 基础知识入门

目 录
Contents

第 4 章　Unity3D 场景特效分析与讲解

第 5 章　Unity3D 与 MAX 的基本配合

目　录
Contents

第 6 章　深入学习粒子系统

第 7 章　物理攻击特效案例

第 8 章　法术攻击特效案例

第 9 章　通用类技能特效案例

目 录
Contents

第 1 章

Unity3D 游戏引擎概述

1.1 初识 Unity3D

Unity 是由 Unity Technologies 开发的一个让玩家轻松创建诸如三维视频游戏、建筑可视化、实时三维动画等类型互动内容的多平台的综合型游戏开发工具，是一个全面整合的专业游戏引擎。Unity 类似于 Director、Blender Game Engine、Virtools 或 Torque Game Builder 等利用交互的图形化开发环境为首要方式的软件，其编辑器运行在 Windows 和 Mac OS X 下，可发布游戏至 Windows、Mac、Wii、iPhone、Windows Phone 和 Android 平台。也可以利用 Unity Web Player 插件发布网页游戏，支持 Mac 和 Windows 的网页浏览。它的网页播放器也被 Mac widgets 所支持。

1.2 了解 Unity3D 发展

2004 年，Unity 诞生于丹麦哥本哈根，2009 年将总部设在了美国的旧金山，并发布了 Unity 1.0 版本。起初它只能应用于 Mac 平台，主要针对 Web 项目和 VR（ 虚拟现实 ）的开发。这时的它并不起眼，直到 2008 年推出 Windows 版本，并开始支持 iOS 和 Wii，才逐步从众多的游戏引擎中脱颖而出，并顺应移动游戏的潮流而风靡全球。2010 年，Unity 开始支持 Android，继续扩散影响力。其在 2011 年开始支持 PS3 和 XBOX360，则可看作全平台的构建完成。尤其是支持当今最火的 Web、Ios 和 Android。与此同时，Unity 还提供了免费版本，虽然简化了一些功能，却打破了游戏引擎公司靠卖 license 赚钱的常规，采用了更为流行的利益分成。随着手机游戏和智能电视游戏的发展，Unity 在不断更新和完善。

Windows 版本：Unity 4.3.4（ 或更高版本 ）；

Mac 版本：Unity 4.3.4（ 或更高版本 ）；

内地发布版本：

Unity3D Pro 虚拟现实、跨平台应用程序开发引擎（ 商业版 ）；

Unity iOS Pro 移动终端发布平台；

Unity3D Pro 虚拟现实、跨平台应用程序开发引擎（ 教育版 ）。

2014 年，Unity Technologies 公司正式推出 Unity 4.3.4 版本，新加入对于 DriectX 11 的支持和 Mecanim 动画工具，以及为用户提供 Linux 及 Adobe Flash Player 的部署预览功能。

2015 年推出 Unity5，目前最高版本 Unity 5.5.2。

Unity 个人版是免费的。官网为 Unity Pro 和 Unity iOS Pro 提供 30 天全功能试用期；学习使用则免费（ 功能有限制版本 ）。

1.3 Unity 游戏概说

Unity 引擎在游戏行业是使用最广泛的游戏引擎之一。Unity 在手机游戏开发中的使用率最高，在虚拟现实开发中也非常广泛。

1.3.1 网页游戏概述

2007 年第一款网页游戏横空出世，中国的网页游戏市场从此一脚踏入了高速发展的阶段，很多游戏都证明了在网络游戏高度普及化的当今，网页游戏还是有其自身的生存空间的：充分运用自身的便携客户端优势、傻瓜式的操作体验、整合用户的碎片化时间，牢牢地吸引了无数年轻人的目光。直到 2014 年网页游戏慢慢被淡出，就像以前的端游时代被网页游戏冲击一样，这时候手机游戏时代快速发展时代来临了，取代了火热的网页游戏时代。

1.3.2 手机游戏概述

　　手机游戏是随着智能手机发展起来的，2010 年之前，我们的手机游戏基本都是像素游戏，由于手机硬件的限制只能实现小型游戏。随着 2010 年 10 月 iPhone 4 的诞生，智能手机进入了高速发展期，手机游戏也快速地迭代而出，中国手机游戏开始进入了发展时期，Unity3D 游戏引擎更是开发手机游戏的好工具，与 Unity 相媲美的是 Cocos2d-x 游戏引擎。智能手机是推动手机游戏发展的前提，直到 2014 年，手机游戏大热，使用 Unity 开发游戏的占了半壁江山。

1.4 Unity3D 学习技巧

　　第一步首先了解 Unity3D 的菜单、视图界面、工具栏等。这些是最基础的知识，可以像学其他三维软件操作一样，要明白有几个菜单、菜单的分类等；再了解几个基本的视图的切换和各自起什么作用即可。

　　第二步理解场景里面的坐标系统、视图操作、简单的向量概念。把 Unity3D 的坐标系统及向量概念理解清楚，理解世界坐标、局部坐标的关系，可以简单地移动、缩放、旋转等。

　　第三步学习创建基本场景的一些基本概念：游戏对象、组件、脚本。在界面上分别体现在层次视图、项目视图及属性视图上，要理清楚彼此之间的关系。

　　第四步学习资源导入。一些基本元素：3D 网格、材质、贴图、动画等。

　　第五步学习脚本的生命周期，了解预制、时间、数学等常用的类及相关方法。理解游戏对象、组件、脚本彼此之间的关系。

　　第六步进一步学习摄像机、灯光、地形、渲染、粒子系统、物理系统等；每一个都是很复杂的主题，需要花时间了解和学习。

　　游戏特效部分主要了解 Unity 粒子系统，对粒子的属性要很熟悉，学习粒子系统，需要理解一些力学常识概念，如重力、阻力、弹力、摩擦力、生命周期、速度和时间的关系等。

1.5 如何安装 Unity3D

　　Unity 和其他三维软件有点类同，Unity 安装更容易，Unity 官方提供学习版，只要在官网注册一个账号就可以免费使用 Unity 进行学习和教学。

　　第一，在 Unity 官网上下载 Unity 软件安装文件，安装后登录即可使用。

　　第二，学习版 Unity5 的安装步骤如下。

01 首先下载安装软件包和注册补丁文件；

02 双击 UnitySetup 运行安装文件；

03 运行安装文件后，在弹出的对话框中单击"Next"按钮，如图 1-1 所示。

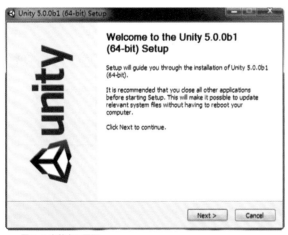

图 1-1 安装窗口界面

04 单击"Next"按钮，在弹出对话框中单击"I Agree"（我同意）按钮 如图 1-2 所示。

05 单击"I Agree"（我同意）按钮后，首先在弹出的对话框中可以自定义选择安装相关选项（这里默认选项），然后单击"Next"按钮，如图 1-3 所示。

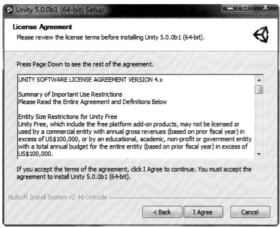

图 1-2 安装条款说明

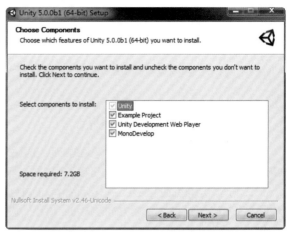

图 1-3 选择安装

06 单击"Next"按钮，在弹出的面板中，去掉运行勾选，单击"Finish"（完成）按钮，如图 1-4 所示。

07 首先运行 Unity 4.x Pro Patch（注册补丁文件），然后单击"Browse"按钮，选择 Unity5 的安装路径，选择 Program Files\Unity 5.0.0b1\Editor 路径，如图 1-5 所示。

图 1-4 安装完成

图 1-5 选择相应版本

08 路径选择好之后，单击"Patch"（补丁）按钮，如图 1-6 所示。

09 单击"Patch"按钮之后，在弹出的对话框中单击"确定"按钮，如图 1-7 所示。

图 1-6 修补文件

图 1-7 完成提示

10 完成之后，再单击"Cre Lic"按钮，会生成一个 Unity_v5.x.ulf 文件。

11 运行 Unity5，选择"New project"项，在弹出的面板中选择一个项目工程路径，然后选择创建类型，如图 1-8 和图 1-9 所示。

图 1-8 创建项目工程

图 1-9 选择创建项目类型

12 项目工程创建完成后，Unity 开始工作界面如图 1-10 所示。

图 1-10 创建项目完成

第**2**章

游戏特效基础知识

2.1 游戏特效概述

特效在不同的行业中有着不同的运用,如视觉广告、电影、演唱舞台、游戏等;特效的主要作用是吸引人们的目光,创造一种逼真的视觉冲击效果,在制造绚丽逼真的视觉效果的同时激发人们更丰富的想象。

游戏特效的制作方法非常灵活,不同类型游戏中的特效也有着不同的制作方法。根据制作方法及最终的效果,游戏特效分为 2D 和 3D 两大类型,这两种类型各有异同。

游戏特效的展现形式主要是以动态为主,以特殊的动态造型展现出绚丽的视觉效果。

游戏特效的制作过程会涉及一些相关物理学原理,因此,读者也需要掌握一定的物理学方面的知识,从而更深入地了解游戏特效的制作方法,以便在工作中融会贯通。

本章重点是讲述游戏特效的制作思想、方法、规范、用途,以及工具等基础性知识。

2.1.1 什么是游戏特效

我们在做某件事的时候都很清楚自己做的是什么,如果你事先不了解它就去盲目做,结果可想而知。所以,清楚地认识游戏特效是很重要的。

下面将为大家介绍游戏特效的概况。

首先我们来看一张手机游戏特效的截图,如图 2-1 所示。

图 2-1 游戏特效截图

网络游戏进入中国也已经有一段时间了,从网络游戏发展的趋势来看,它即将成为广大用户娱乐的一种方式,同时也成就了一些成熟的大公司和一些雨后春笋般的小公司。在现代社会中,要想使一款游戏吸引玩家,就要突破游戏的整个品质,不只是要求游戏画面的精致,更重要的是要求有视觉上的冲击力,当然程序和策划也占了举足轻重的地位。在这样的背景下,一个新兴的圈子日益壮大——这就是本章所要详细讲解的游戏特效。

游戏特效是指在游戏中为游戏场景、角色、道具添加绚丽效果的部分。游戏特效的主要作用就是给玩家创造绚丽逼真的视觉冲击效果,同时与玩家思想产生互动性共鸣效应。

玩家在游戏中看到的魔法攻击特效效果,通常由以下 3 个部分组成。

(1)角色自身的攻击顺发特效;

(2)魔法效果的飞行弹道动画;

(3)魔法特效碰撞到目标的爆炸效果。

其实,游戏特效在整个游戏制作过程中是比较难完成的部分,它要求制作人要和策划部、程序部、场景组、角色组、动画组之间有良好的沟通。所以特效也应归入后期制作范畴,可分为 2D、3D,以及所谓的伪 3D,伪 3D 就是通常所说的 2.5D。根据项目需要,游戏特效用二维和三维等软件制作,再配合游戏引擎来实现最终效果。

游戏特效与游戏引擎中的粒子系统和物理系统的使用是密切相关的,游戏特效设计者需要考虑到特效所占的空间资源，并尽量减少对游戏系统空间资源的占用。 那到底什么程度最为合适呢？ 现在各公司用的引擎种类繁多，有的公司使用的游戏引擎具有很强的支持功能，用这样的引擎做特效时，在资源占用方面就不用考虑太多，通常情况下均可以满足要求。而有的公司使用的游戏引擎功能不是很强，在制作游戏特效时就需要考虑尽量节省系统资源。当然，与程序的优化也有密切的关系。总之，游戏特效的制作方法很多，但最重要的还是保证游戏的流畅及稳定。所以特效制作者需要考虑全面、做出取舍，尽量避免玩家常说的"卡"死。

2.1.2 游戏特效的重要性

游戏特效在游戏开发中占有很重要且特殊的地位。特效的制作是创造奇幻效果的过程，具有一定的挑战性。要做出好的游戏特效需要有好的想法，也就是创意；特效制作人员的想象力也具有决定性作用。游戏制作完成之后，整个游戏画面风格基本形成，各种绚丽逼真或清晰明亮的画面使人心情愉悦；抑郁阴沉的画面使人不寒而栗；动感流畅的动画，如果搭配一些华丽炫目的特效，同时加上合适的配乐，那么玩家就能体会到身临其境的感觉了。

2.1.3 游戏特效的自然性

世界是客观存在的运动体，这点可以真实地感受到，现实世界中不存在单一的色彩，所以我们要仔细观察生活中复杂多变的色彩，充分利用复合色彩来表现特效的自然质感和意境。火焰、云雾、闪电、流星、暴风、雨雪、爆炸等都是特效设计的灵感来源。

游戏特效的意境、质感、真实性与大自然是一样的。自然科学是一门令人着迷的学科，它融入了美学、哲学、物理学等多种学科知识。大自然之多姿多彩、奇妙变化，甚至超过人类的想象。

另外，设计真实自然的游戏特效的贴图是很重要的，根据设计的思想来制作所需要贴图，就可以进一步完成特效的制作。需要注意的是，在做模型动画的时候首先要考虑到运动规律，不能违背自然规律。运动的先后是逻辑思想，游戏特效设计的逻辑思想是非常重要的，所以读者在学习设计制作的时候要具备这种思想，就像做物理题一样去构思。

那么，游戏特效的自然性是什么呢？自然就是美，而且是遵循一定规律的真实美，游戏特效的制作过程中也要遵循一定的自然规律，设计者在此基础上添加自己的创意和想象，从而模拟出瑰丽奇特而又极具带入感的效果。

总之，自然界的色彩是丰富多彩、千变万化的，但都是有规律的色彩搭配，这样有规律的色彩搭配在一起就构成了美丽世界！游戏特效的色彩搭配也很重要，需要我们留心观察身边的事物，从中汲取精华。

2.2 游戏特效的类型

根据制作方法的不同，游戏特效的类型大体可以分为粒子动画特效、模型动画特效、贴图动画特效和混合特效 4 种，下面我们一一讲解。

2.2.1 粒子动画特效

在游戏中，粒子系统和物理系统无疑是最有趣、最复杂而且最占用系统资源的部分，但是它们却能够表现出特殊的逼真视觉效果的互动感受，如图 2-2 所示。粒子特效一般都是在特效编辑器里制作完成的。

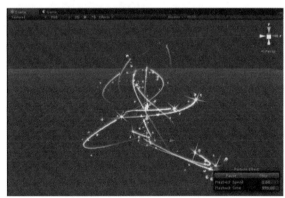

图 2-2 粒子拖尾效果

粒子动画是使特效更丰富的一个很重要手段。粒子是一个群组概念，可以把很多的面片、模型按照一定的规律来发射。例如箭运动的动画，用粒子就可以做成类似箭雨的效果。每个项目制作特效时限制使用的粒子数量有很大的不同，有的只能用 10 个以下，有的可以用 300 ~ 400 个，这个和各个公司引擎的优化能力有关。制作较为丰富的特效时，绝大多数都会用到粒子，而每个公司引擎的粒子系统的参数会有一定的不同，但绝大多数粒子系统大同小异。

粒子可以实现大部分特效，不但可以提高工作效率，而且可以实现很绚丽的粒子效果。粒子系统是3D软件的特效动力学系统，能够模拟出自然界现象。例如，尘土、火烟、流星、闪电、云雾、血、瀑布、雨、雪等，如图2-3~图2-5所示。

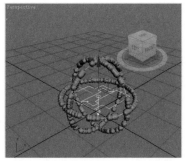

图2-3 PF粒子球体显示

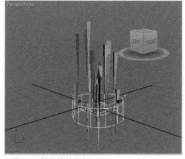

图2-4 粒子锥体显示

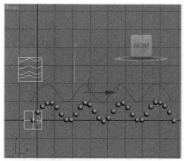

图2-5 粒子受力场作用

粒子的属性是多种多样的，在不同的行业有着不同的用途。

2.2.2 模型动画特效

使用模型动画完成的特效就是模型动画特效。模型动画特效是以360°展现在游戏中的，可以从各个角度进行全视角观察。模型动画特效是能够让特效更独特的技巧。优点是使特效更容易识别，给玩家的印象也会更深刻。缺点是需要消耗较多的资源，而且需要程序开发几种相对应的叠加模式。另外，对于特效人员的动作水平也是一个考验。这种模型动画特效一般用于3D游戏特效中，但是2D游戏特效也使用3D的制作方法来实现2D游戏特效，两者之间有着密不可分的互助关系，如图2-6和图2-7所示。

图2-6 模型特效截图（1）

图2-7 模型特效截图（2）

特效的制作往往离不开模型的辅助作用，贴图赋予模型真实感，动画使得特效更加绚丽丰富，在动感造型上也更加吸引人。模型分为两种形式：一种是面片模型，另一种是体积模型。多数特效是使用面片制作的，由于它动感显明，造型形式可以具有过度或非常夸张的特点，所以模型动画特效在游戏特效制作中有着重要的作用。

这种特效制作方法是，首先用3ds Max、Maya、XSI、C4D等三维软件建立各种模型，模型在细节充足的前提下尽可能减少面数，然后将带有Alpha通道的（辉光）贴图或贴图动画赋予展开的模型，最后对模型制作移动、缩放、旋转等动画；动画完成之后就是设置制作材质颜色动画、高光强度动画、透明度动画、贴图动画等。

2.2.3 贴图动画特效

贴图动画特效是通过一系列的动画序列影格顺序播放所得到的特效。贴图动画特效是游戏当中很常用的技巧，优点是能在较节约资源的情况下做出相对丰富的效果，而且从技术上也比较容易实现，绝大多数公司的编辑器都支持影格贴图动画。很多游戏中的瀑布都是用这种方法来做的。2D游戏特效就是以序列影格贴图动画实现的，这种特效是在2D软件或 3D 软件辅助制作完成之后输出序列影格图片，在游戏中程序通过调用来实现的；2D 特效也可以由程序来实现其颜色、坐标位移、整体旋转缩放等属性，如图 2-8 所示。

其实在 3D 游戏特效中也使用序列影格贴图实现特效。一种方法是使用 UV 动画实现效果；另一种方法是在特效编辑器里用于粒子的贴图动画效果的实现，但是在特效编辑器里有一种简单的计算方式：U：（ ）；V：（ ）。计算方程为：U×V=N（N 为序列影格贴图单帧总数）。序列贴图的计算方法为：U：4；V：4。由方程得 4×4=16，通过粒子对序列影格贴图的逐个小图读取来实现贴图动画特效。此种贴图动画特效方式在 3D 游戏里较为常用；不但可以节省游戏空间资源，更重要的是能实现很好的效果，如图 2-9 所示。

图 2-8 影格特效贴图（1）

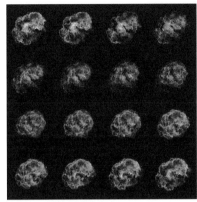

图 2-9 影格特效贴图（2）

2.2.4 混合特效

将粒子动画游戏特效与模型动画特效结合起来就是混合特效。特效中不仅含有粒子特效，而且含有模型特效，这种制作游戏特效的方法也是很常用的，如图 2-10 所示。

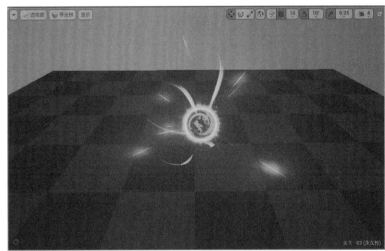

图 2-10 混合特效截图

各游戏公司使用的特效编辑器具有不同的特性和不同的使用方法，这也决定了制作特效有不同方法和制作规范，从而证明了游戏特效制作的不稳定性。虽然在制作规范上有所区别，但是特效的制作理念是一致的。

2.3 游戏特效的基本点

要设计一个游戏特效，首先必须要确定以下几个重要基本点。

第一是特效风格。

所谓游戏特效风格，是指这款游戏的风格，通过这个方式来达到使玩家自由选择游戏娱乐的目的。

第二是表现手法。

所谓游戏特效表现手法，是指设计思想及艺术情感的表达，通过这个方式来使玩家的情绪与游戏特效产生互动。

第三是特效定位。

游戏特效定位是指特效的设计构思。

2.4 游戏特效分析

游戏特效可分为 2D 游戏特效和 3D 游戏特效。两者的制作方法有所不同，制作的时候要依靠游戏引擎的粒子系统来实现效果。

3D 游戏特效衍生出了两类特效，即 2.5D 和 2.8D 游戏特效，其制作方法与 3D 游戏特效制作完全相同，但 2.5D 和 2.8D 游戏特效是将 3D 特效由程序固定了视角，由此可见 2.5D 和 2.8D 游戏特效的制作与 3D 游戏特效的制作原理是一样的，只是最终在游戏中对特效的视觉定位有所区别。

2.5 游戏制作规范概述

各游戏公司用的引擎都各不相同，从而导致了游戏特效制作的不稳定性，所以特效制作者要有很强的自学能力和接受新知识的能力。学习游戏特效就是学一种"思想"。只要具备了设计游戏特效的思想，更换一种游戏引擎，只不过是换了个工具而已。游戏特效的制作理念是一致的。

首先 2D 与 3D 特效制作的相同特点都是借助二维和三维软件等来实现的，两者的制作技巧完全不同。

2D 游戏特效是使用二维软件结合三维软件制作的特效，制作过程限制小，最终体现序列图的特效。

2D 特效不都只是使用二维软件来制作，三维软件也可以做 2D 游戏特效素材，并使用各种插件方式来实现平面的游戏特效效果。

2D 特效贴图主要是用 Photoshop 等二维软件制作，游戏特效图片为黑白图，白色部分为产生色彩辉光的部分，灰色为半透明的部分，而黑色则为全透明不产生任何色彩辉光的部分。特效使用到的贴图是带有黑白通道的，黑白序列图片即为特效的通道信息，制作特效时将其通道赋予相应的色彩，或是由程序将特效通道部分赋予相应的色彩并控制其整体的定位、旋转和放缩。游戏特效设计与制作人员若是懂得简单的相关的脚本语言就可以控制特效在游戏中的属性。这样一张序列图片就可以有各种颜色，即特效就有相应属性的变化，既节省了特效在游戏中所占资源，又使得特效千变万化、绚丽多彩！可见，只要使用脚本就可以变换特效的基本属性，就可以得到超越我们想象的绚丽效果。

3D 特效是使用三维软件结合二维辅助软件制作的特效。

3D 特效都是使用三维软件制作的，主要是用 MAX、MAYA，以及游戏引擎的特效编辑器等来制作。三维游戏中的特效形式并不能完全用二维图片来实现，3D 游戏特效是展现 360° 全视角的动态光影效果，也是目前世界游戏特效的发展趋势。

三维游戏特效的玩家自己看到是立体效果，在同一个场景中的其他玩家看到的也是立体效果，这就是 3D 和 2D 特效的不同之处。

首先用 Photoshop 制作特效需要的贴图，如带有黑白通道的图片或引擎能透掉格式的图片，再用 3ds Max 等三维软件创建简单模型，面数在细节充足的前提下尽可能减少，以减少对游戏资源的占用。然后将做好贴图赋予展开的模型，之后是做模型动画，模型的旋转、缩放、透明度等也可加粒子系统，或是绑定到所指定的模型动画上，这样就形成了模型与粒子混合的特效，形成复杂而又特殊的三维游戏特效效果，从而制作出有质感、自然、绚丽、逼真的游戏特效。

在这里要告诉大家，由于各游戏公司使用的引擎有所不同，有的游戏引擎自身带有粒子系统。对于 3D 游戏特效，单纯地学习 MAX 或 MAYA 等三维软件中的粒子系统对制作游戏特效没有多大的意义，对于 2D 特效来说是有必要学习的。但是有的游戏引擎支持 MAX 等三维软件的粒子系统，这样对新手会更好，如 Gamebryo 引擎就是这样，但是它不支持 MAX 里的 PF 粒子系统。所以对于新手来说，没有引擎做特效就有一定的难度，前面给大家阐述过，学习游戏特效，主要是学一种"思想"，公司是否用你，就看你有没有制作游戏特效这种"思想"，软件只是工具，有软件没"思想"是做不出特效的。所以特效制作的方法很多，主要是自己要会学以"智"用。

游戏中存在着大量的特效运用，特效有其不同的服务对象，游戏中各种令人目不暇接、华丽绝伦的光影效果常常能给人留下深刻的印象。不同的服务对象在不同的情况下使用的特效也不相同，特效的华丽程度、攻击值大小、特效的长短、特效的增益性或减益性、是单体或是群体特效等，都是需要考虑的因素。在游戏中，玩家可以通过操纵自己的角色打出各种华丽必杀技能或魔法时，绚丽逼真的视觉冲击效果能给玩家带来愉悦的成就感，一些经典的必杀技的演出令很多玩家津津乐道并愉悦沉醉其中。

游戏特效在游戏中都用在什么地方呢？

游戏中使用的魔法效果或是武器发出闪闪耀眼的光、角色衣服上的闪烁、常见到的升级、加血、爆炸后的烟雾迷茫、空旷的场景中大量的玩家在 PK 的场面、下雨和下雪的效果等都会用到游戏特效。现在玩家也挑剔了，喜欢一款绚丽的、PK 系统好、特效漂亮的优秀的游戏，因此特效的设计和制作是很重要的，也是必不可少的。游戏特效不但主要表现绚丽的画面和华丽的效果，而且还要通过特效的色彩、动感来表达情感。如果在游戏中使用了不合适的特效就适得其反，就会给玩家造成一种错觉。因此，在游戏特效设计的时候就要有充分的考虑和准备。

2.5.1 手机游戏特效规范

手机游戏特效是以手机为平台，为游戏中场景、道具、角色添加绚丽光效的一种技术手段。

手机和 PC 是两个不同的游戏平台，PC 的平台远远大于手机平台，这是由硬件所决定的。因此，手机游戏特效的制作是有很大的资源限制的。随着技术的发展，手机已经到了智能时代，游戏特效由以前的像素特效演变成了如今直接可以使用游戏引擎像做 3D 游戏一样开发手游，但是，毕竟手机平台远远没有 PC 的强大，使用引擎做手机游戏特效，还是要尽可能在效果完美的情况下控制资源所占空间。

2D 手机游戏特效是以序列影格图被程序读取的方法来播放的，Cocos2d-X 就是目前 2D 手机游戏使用最多的引擎，特效使用 CocosBuilder 编辑器来制作。优点：Cocos2d-x 引擎是免费开源的，Cocos2d-x 是以 C++ 语言开发游戏；不足之处是，还不能实现 3D 游戏功能。当然，2D 网络游戏特效也是应用同样的原理。迄今为止，随着手机的支持功能越来越强大，3D 手机游戏应运而生。但是不同手机的特性与机制具有不同的特点，这就导致了 3D 游戏只能在高端手机上运行。3D 手机游戏特效是在 3D 软件中制作，然后通过手机 3D 特效编辑器实现的。由于手机 3D 游戏特效对资源的限制很大，所以设计人员就要明白如何对手机游戏特效的资源做出合理的取舍，以确保游戏在手机上能够流畅运行。

手机游戏部分特效也可以通过编写程序代码来实现，通过程序可以生成很多特效，这样实现的特效所占资源空间就很小；但是有些特效是特效程序无法实现的，需要美工来完成。所以能通过手机游戏特效程序实现的就尽量由程序来完成，尽量减少对空间资源的占用，使游戏在手机上能够流畅运行。

2.5.2 手机游戏特效图片大小要求

手机游戏特效图片的大小在项目开发中是有一定要求的。随着智能手机的发展，对迭代渲染图的像素处理提高了很多，但为了游戏运行的流畅，在设计时要做出一定的取舍。

常用的正方形图片像素包括以下几种规格：

6×6 像素、32×32 像素、64×64 像素、128×128 像素、256×256 像素。

常用的矩形图片像素包括以下几种规格：

6×32 像素、6×64 像素、64×32 像素、64×128 像素、6×128 像素、128×32 像素。

2.5.3 手机游戏特效贴图的格式要求

手机游戏特效贴图的格式有 PNG（常用格式）、TGA（Unity3D 常用格式）、DDS、GIF（很少用格式）、JPG [GIF 和 PNG 支持半透明（有 8 位的 Alpha ）]、BMP（可提高清晰度，但占用资源大，慎用）。

2.6 游戏特效贴图设计

游戏特效制作方法非常灵活，但所有特效都有其共同的特点，使用二维软件制作效果素材，然后将相应的贴图赋予三维软件里创建的面或体，同时，在三维软件里通过赋予贴图的面或体来设计制作动画，三维软件里只能是模拟特效，最终效果要配合游戏引擎实现，相对应地，由程序实现贴图颜色变化（可以节省资源）、整体的放大缩小或者特殊运动。

其实在制作特效图片之前就要策划好做什么样的特效，所以基本上是根据设计执行工作。在 2D 图形游戏中不可缺少大量的光影、技能特效，如游戏中的魔法刀光效果等。

2.7 漫谈游戏特效的色彩感

2.7.1 色彩基础概述

色彩是通过眼、脑和我们的生活经验所产生的一种对光的视觉效应。人对颜色的感觉不仅仅由光的物理性质所决定，如人类对颜色的感觉往往受到周围颜色的影响。有时人们也将物质产生不同颜色的物理特性直接称为颜色。

色彩可用色调（色相）、饱和度（纯度）和亮度（明度）来描述。

色彩与人的心理感觉和情绪有密切关系，利用这一点可以在设计游戏特效时形成自己独特的色彩效果，让玩家感受丰富的情感，在玩家的大脑中留下深刻的印象。

以下是色彩给人的基本感觉。

黑色：象征权威、高雅、低调、创意、坚实、严肃、刚健、粗鲁、冷漠。

白色：代表纯洁、诚恳、沉稳、消极、平凡、谦虚、沉默、中庸、寂寞。

红色：代表热情、活泼、热闹、温暖、幸福、吉祥、性感、权威、自信。

橙色：象征光明、华丽、兴奋、甜蜜、快乐、沉静、平和、亲切。

黄色：象征明朗、愉快、高贵、希望、天真、浪漫、娇嫩。

绿色：象征和平、新鲜、平静、安逸、柔和、青春。

蓝色：象征永恒、深远、理智、沉静、诚实、寒冷、理想、独立。

紫色：象征优雅、浪漫、高贵、魅力、自傲。

灰色：象征忧郁、平凡、消极、谦虚、沉默、寂寞、诚恳、沉稳。

2.7.2 认识色彩的情感

1. 冷暖

红、橙、黄色常常使人联想到旭日东升和燃烧的火，因此有温暖的感觉；蓝青色常常使人联想到大海、晴空、阴影，因此有寒冷的感觉；凡是带红、橙、黄的色调都带暖感；凡是带蓝、青的色调都带冷感。色彩的冷暖与明度、纯度也有关。高明度的色一般有冷感，低明度的色一般有暖感。高纯度的色一般有暖感，低纯度的色一般有冷感。无彩色系中白色有冷感，黑色有暖感，灰色属中。

2. 轻重

色彩的轻重感一般由明度决定。高明度具有轻感，低明度具有重感，白色最轻，黑色最重；低明度基调的配色具有重感，高明度基调的配色具有轻感。

3. 软硬

色彩软硬感与明度、纯度有关。凡明度较高的灰色系具有软感，凡明度较低的灰色系具有硬感；纯度越高越有硬感，纯度越低越有软感；强对比色调具有硬感，弱对比色调具有软感。

4. 强弱

高纯度色有强感，低纯度色有弱感；有彩色系比无彩色系有强感，有彩色系以红色为最强；对比度大的具有强感，对比度小的有弱感。即地深图亮则强，地亮图暗也强；地深图不亮和地亮图不暗则有弱感。

5. 明快与忧郁

色彩明快感与忧郁感与纯度有关，明度高而鲜艳的色具有明快感，深暗而混浊的色具有忧郁感；低明基调的配色易产生忧郁感，高明基调的配色易产生明快感；强对比色调有明快感，弱对比色调具有忧郁感。

6. 兴奋与沉静

这与色相、明度、纯度都有关，其中纯度的作用最为明显。在色相方面，凡是偏红、橙的暖色系具有兴奋感，凡属蓝、青的冷色系具有沉静感；在明度方面，明度高的色具有兴奋感，明度低的色具有沉静感；在纯度方面，纯度高的色具有兴奋感，纯度低的色具有沉静感。因此，暖色系中明度最高纯度也最高的色兴奋感觉强，冷色系中明度低而纯度低的色最有沉静感。强对比的色调具有兴奋感，弱对比的色调具有沉静感。

7. 华丽感与朴素

这与纯度关系最大，其次是与明度有关。凡是鲜艳而明亮的色具有华丽感，凡是浑浊而深暗的色具有朴素感。有彩色系具有华丽感，无彩色系具有朴素感。运用色相对比的配色具有华丽感，其中补色最为华丽。强对比色调具有华丽感，弱对比色调具有朴素感。

2.8 游戏特效的情感设计

游戏特效的情感是游戏中的各种特效以不同的表现方式和玩家思想的互动。游戏特效主要有增益和减益之分，其中还有中性特效。游戏特效的情感设计是很重要的，设计制作特效者必须明白这一点，不能给一个很邪恶的怪物制作出增益（正义）感的特效，这样会给玩家造成一种错觉，就没有起到游戏特效的作用。游戏特效是用一种动画的方式来表达一种玩家在游戏中的感觉。如果没有这种视觉情感的牵引，玩家就会觉得这款游戏没意思。例如，玩家在打一个大的怪物，玩家打出的特效很有杀伤力也很绚丽，这时候玩家就很开心，感觉自己很帅气、有成就感。

设计游戏特效之前首先就要考虑游戏要表达的情感，用什么色彩表现什么样的情感，是增益特效、减益特效还是中性特效。这些在做游戏特效之前要心中有数。游戏特效没有情感就不能和玩家进行思想互动，这样的特效就失去了它在游戏中的作用，并且会直接影响到玩家是否会玩这款游戏。所以要把游戏特效做好，需要了解游戏特效情感的表达。

游戏特效不但要绚丽、有质感、自然，而且必须要有情感！人是有情感的，玩家在游戏中与特效是互相交流的。特效设计者必须明白这点，特效好坏不是你自己说了算，要大家认可才行。游戏特效视觉效果与情感都直接牵引着玩家的情感，使玩家在游戏中能找到愉悦，这就是情感在游戏中的作用，也是做好游戏特效的重要因素之一。

2.9 游戏特效制作常用软件

平面软件（PS、AKVIS Lightshop）：主要用来制作游戏特效的精美贴图。

特效软件（AE、CB、PI、IL）：主要用来快速制作游戏中需要的特效序列图。

三维软件（3ds Max、MAYA、XSI、C4D、LW）：主要用来制作游戏特效中需要的各种模型与模型动画。

游戏引擎：直接在游戏编辑器中制作特效，或通过编辑器的粒子系统和动力学等快速实现需要的游戏特效视觉效果。

第3章

Unity3D 基础知识入门

3.1 Unity3D 界面介绍

如何学习 Unity ？如果还没有打开 Unity，你可以在 Windows 里面找到开始→程序→ Unity 并启动它，或者在 Mac 系统中通过 Applications → Unity 启动它。可以观察 Unity 编辑器界面并熟悉它。主编辑器窗口是由几个选项卡式窗口组成，称为视图。在 Unity 中，有不同类型的特殊用途的视图，如图 3-1 所示。

Unity3D 游戏引擎界面基础

Unity 是一款高效率跨平台游戏引擎，它的软件界面如图 3-2 所示。

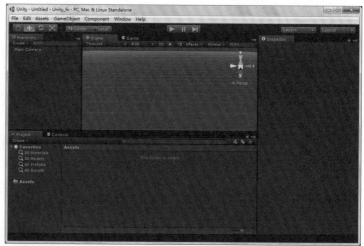

图 3-1 Unity 主编辑器窗口

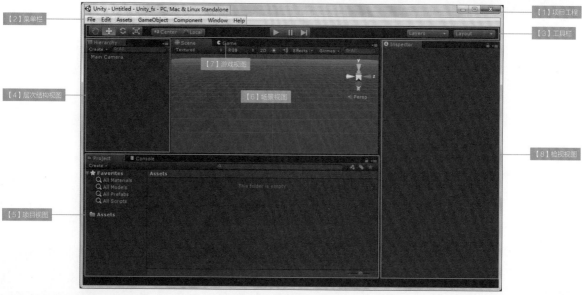

图 3-2 Unity 界面视图

Unity 是一款界面简洁的图像处理软件，操作方便，并有优秀的动力学系统，也有很多优秀的 Shaders。下面我们就来学习 Unity 软件界面的基础知识。

【1】项目工程路径：显示当前场景路径。

【2】菜单栏：控制操作命令。

【3】Toolbar（工具栏）：快捷操作工具。

① ② ③ ④ ⑤

工具栏包括 5 个基本控制，每一个涉及不同部分的编辑。

①为变换工具：用于场景视图。

②为 Gizmo Display Toggles（手柄工具显示切换器）：

Center 将在对象范围的中心位置提供手柄工具。

Pivot 将在一个网格的实际轴点位置放置手柄工具。

Local 将相对于对象保持手柄工具的旋转。

Global 将强制手柄工具为世界空间的方向。

③运行 / 暂停 / 单步执行按钮 ▶ Ⅱ ▶Ⅰ：用于游戏视图。

④层下拉菜单 Layers ▼：控制场景视图中选中对象的显示。

⑤布局下拉菜单 Layout ▼：控制所有视图的排列。

视图排列的 5 种模式，如图 3-3~ 图 3-7 所示。

图 3-3 Unity 界面视图（1）

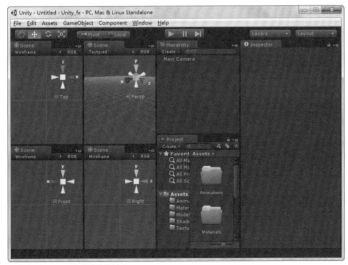

图 3-4 Unity 界面视图（2）

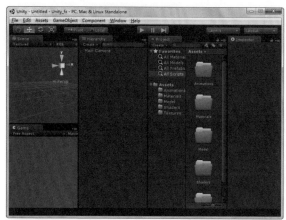

图 3-5 Unity 界面视图（3）

图 3-6 Unity 界面视图（4）

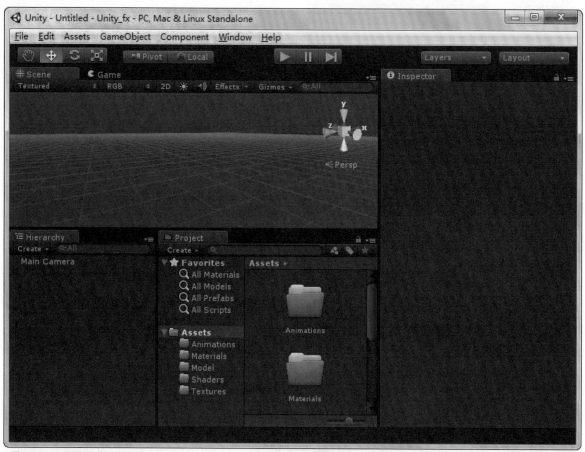

图 3-7 Unity 界面视图（5）

【4】Hierarchy（层次结构视图），如图 3-8 所示。

层次视图包含了每一个当前场景的游戏对象（GameObject）。其中一些是资源文件的实例，如 3D 模型和其他预制组件的实例。可以在层次结构视图中选择对象或者生成对象。当在场景中增加或者删除对象时，层次结构视图中相应的对象则会出现或消失。

在这里我们着重讲解一下 Parenting（父对象）。

Unity 经常使用父对象的概念。要想让一个游戏对象成为另一个对象的子对象，只需在层次视图中把它拖曳到另一个对象上即可。一个子对象将继承其父对象的动作、旋转和缩放属性。可以在层次视图中展开和收起父对象，可以看到其子对象，而不会影响在游戏中的效果，如图 3-9 和图 3-10 所示。

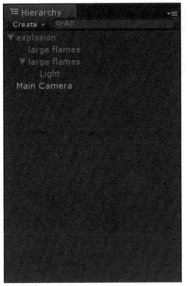

图 3-8 层次结构视图

图 3-9 两个没有父对象的对象

图 3-10 一个对象是另一个的父对象

【5】Project View（项目视图）。

每个 Unity 的项目包含一个资源文件夹。此文件夹的内容呈现在项目视图。这里存放着你游戏的所有资源，比如场景、脚本、三维模型、纹理、音频文件和预制组件。如果你在项目视图里右键单击任何资源，你都可以在资源管理器中（在 Mac 系统中是 Reveal in Finder）找到这些真正的文件本身，如图 3-11 所示。

提示

不要使用操作系统来移动项目资源，因为这将破坏与资源相关的一些元数据。应该始终使用项目视图来组织自己的资源。

图 3-11 项目视图

要添加资源到项目中，可以拖动操作系统的任何文件到项目视图，或者使用 Assets → Import New Asset 导入新资源。资源就可以在游戏中使用了。

有些游戏资源必须从 Unity 内部建立。要做到这一点，可使用 Create 下拉菜单，或通过单击鼠标右键→ Create 来创建。

Create 下拉菜单如图 3-12 所示。

在 Create 下拉菜单中，可以添加脚本、预制组件、材质或文件夹让项目组织有序。可以在 Windows 系统中按 F2 键（Mac 系统中为回车键）重新命名任何资源 / 文件夹，或通过在资源名字上两次单击（不是双击）来重命名。如果按住 Alt 键的同时，展开或收起一个目录，所有子目录也将展开或收起。

【6】Scene View（场景视图）如图 3-13 所示。

图 3-12 下拉菜单

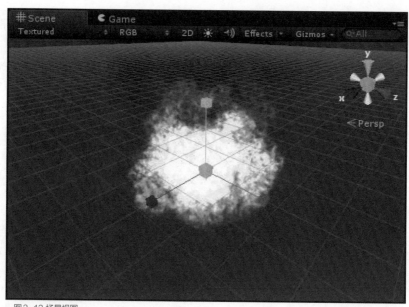

图3-13 场景视图

场景视图用于交互式操作。可以使用它来选择和布置环境、玩家、摄像机、敌人和所有其他游戏对象。在场景视图中，调动和操作对象是 Unity 最重要的功能，因此，能够迅速掌握它们是非常重要的。

场景的快捷操作方法如下。

● 按住鼠标右键进入飞行穿越模式。旋转鼠标且使用 WASD 键（Q 向上移动、E 向下移动）进入快速前后左右移动视角导航。

● 选择任意游戏对象，然后按 F 键，所选择的物体将在场景视图的中心位置显示。

● 使用方向键，将沿 X/Y/Z 平面方向移动。

● Alt+ 鼠标左键拖动，使当前视野沿当前纵轴做圆周运动。

● Alt+ 鼠标中键拖动，可以拖动当前视野。

● Alt+ 鼠标右键拖动，可以缩放场景视野，与鼠标滚轮作用相同。

在场景中拖动视野。

Alt+ 鼠标左键拖动，使当前视野沿当前纵轴作圆周运动。

按住 Ctrl（Mac 系统中为 Command 键）+ 鼠标左键拖动缩放当前视野。

在场景视图右上角是场景小工具（Scene Gizmo）。这里显示场景摄像机的当前方向，单击把柄可以快速地变换视角，如图 3-14 所示。

图3-14 三维坐标

可以单击任意方向杆从而使场景摄像机朝那个方向而且变为等轴（等距）模式。在等轴模式中，可以用鼠标右键拖动做圆周运动，也可以按住 Alt 键拖动来平移。单击 Scene Gizmo 的中心退出此模式，还可以按住 Shift 键单击 Scene Gizmo 的中心随时切换等轴模式（场景显示 45 度模式）。

这里讲一下 GameObjects（定位游戏对象）。

建立游戏时，会在游戏世界中放置许多不同的对象。要做到这一点，必须使用工具栏的变换工具来调动、旋转和按比例缩放个别游戏对象，每个在场景视图中选中的对象都有一个对应的 Gizmo，可以用鼠标操作 Gizmo 轴来改变游戏对象的转换组件，也可以在检视视图中为转换组件的各字段直接输入数字，如图 3-15~ 图 3-17 所示。

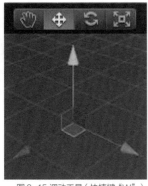
图 3-15 调动工具（快捷键 "W"）

图 3-16 旋转工具（快捷键 "E"）

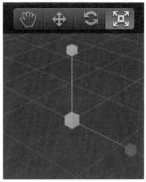
图 3-17 缩放工具（快捷键 "R"）

Scene View Control Bar（场景视图控制条）使用比较多的就是 3D/2D 场景的切换功能，还有其他一些功能，详细介绍如下。

场景视图控制条可以看到不同的视图模式——纹理模式、线框模式、RGB 模式、透视模式，等等，使用它也可以看到（听到）游戏中的灯光、游戏要素、声音等。

【7】Game View（游戏视图），如图 3-18 所示。

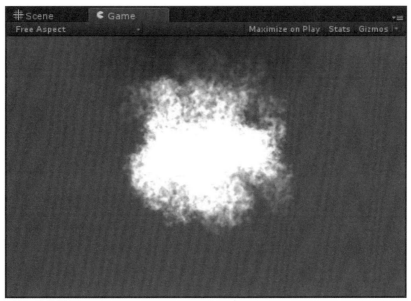
图 3-18 游戏视图

游戏视图显示的是最后发布游戏后的运行画面，需要使用一个或多个摄像机来控制玩家在游戏时实际看到的画面。

这里介绍一下 Play Mode（运行模式）：使用工具条按钮 ▶ ‖ ▶‖ 控制运行模式来看发布的游戏如何运行。

提示

在运行模式下不要编辑游戏对象，因为在运行模式下，任何更改都只是暂时的，它们将在退出运行模式时重置复位。

下面详细介绍 Game View Control Bar（游戏视图控制条）的用途。

● 控制条的第一个下拉菜单是 Aspect 外观菜单，在这里可以强制游戏窗口为不同的长宽比，它可以用来测试游戏在不同长宽比的显示器中的不同情况。

● 再往右是最大化运行切换开关 Maximize on Play，启用后，在进入运行模式时将全屏最大化游戏。

● 继续往右是 Gizmos 切换开关，启用后，所有在场景视图中出现的 Gizmos 也将出现在游戏视图画面中，这包括使用任意 Gizmos 类函数生成的 Gizmos。

● 最后是统计（状态）按钮，它将显示一些对优化显示性能非常有用的渲染统计状态数值。

【8】Inspector（检视视图），如图 3-19 所示。

Unity 的游戏都是由包含网格、脚本、声音和其他图形元素（如光源）的多种游戏对象组成的，检视视图显示当前选定的游戏对象的所有附加组件及其属性的相关详细参数信息，在这里，可以修改场景中的游戏对象的功能。

任何在检视视图中显示的属性，都可以直接修改，即使是脚本变量也可以直接修改而无须修改脚本本身。可以使用检视视图在游戏运行时更改变量来尝试这种奇妙的方式。在脚本中，如果定义一个对象类型（如游戏对象或 Transform 属性）为公共变量，那么可以在检视视图中通过拖放将它分配给一个游戏对象或预制组件。

单击检视视图中任何组件名称旁边的问号将载入其组件参考页。

图 3-19 检视视图

3.2 如何建立项目工程

运行 Unity 游戏引擎，项目的开始必须先建立项目工程，在建立好完整的项目工程之后，就可以进行各种游戏对象的编辑等。首先来学习项目工程的建立。

01 首先在菜单栏中，选择菜单 File → New Project...，单击"New Project.."命令，如图 3-20 所示，在弹出的对话框中选择项目工程保存路径，然后单击"Create"（创建）按钮，完成项目的建立，如图 3-21 所示。

图 3-20 File 菜单视图

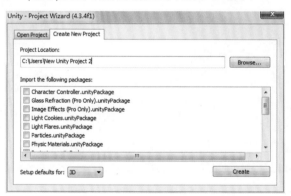

图 3-21 创建项目选项

02 在弹出的对话框中，选择项目工程目录，如 E:\Effect_fx 文件夹（根据需求自定义），如图 3-22 所示；然后单击"Create"（创建）按钮，创建项目工程。

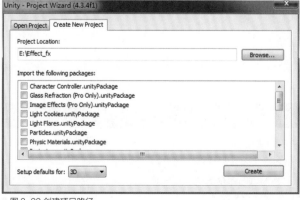

图 3-22 创建项目路径

03 项目建立后，在项目视图中，会生成 4 个（或多个，需要建立项目时是否勾选）文件，其中 Assets 文件是存放项目资源包文件；在 Assets 文件夹里可以创建几个常用文件夹来存放各种资源，如图 3-23 和图 3-24 所示。

图 3-23 创建完成项目文件

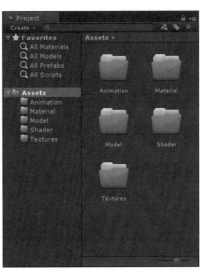

图 3-24 项目资源管理文件创建

3.3 了解 Importing Assets（导入资源）

Unity 将自动检测添加到项目文件夹的资源文件夹中的文件。当把任何资源放到资源文件夹中的时候，就会看到资源出现在项目视图中，如图 3-25 所示。

项目视图是进入资源文件夹的窗口，通常从文件管理器访问。

当组织项目视图管理时，要记住很重要的一条原则：切勿从资源管理器（Windows）或探测器（OSX）中移动任何资源或组织安排该文件夹，始终使用项目视图来完成。

在 Unity 内存储着很多资源文件之间的关系的元数据，这些数据全都依赖于 Unity 可以在哪里找到这些资源。如果从项目视图中移动资源，这些关系会得以维持。如果在 Unity 之外移动它们，则会破坏这种关系，然后就必须手动重新指定大量的相关属性，因此，只能将来自其他程序的资源保存到资源文件夹，不要在 Unity 之外重命名或移动文件，始终使用项目视图。

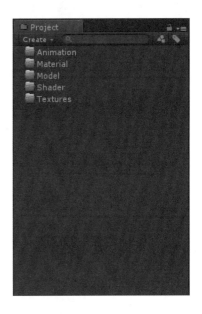

图 3-25 项目资源

3.3.1 Max 模型导出设置

Unity 支持多种主流 3D 软件 Meshes（网格）文件。

01 开打 3ds Max 软件，创建一个茶壶，如图 3-26 所示。

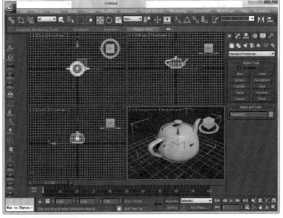

图 3-26 模型创建

02 单击█按钮，将其旋转角度设置为 90 度，如图 3-27 所示；然后单击█按钮，选中 Affect Pivot Only 命令，选择顶视图，将其 Y 轴旋转 90 度垂直与屏幕，如图 3-28 和图 3-29 所示。

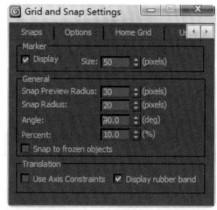

图 3-27 角度设定

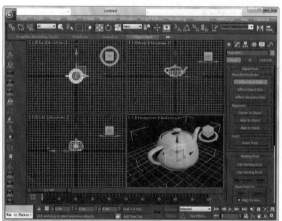

图 3-28 模型视图

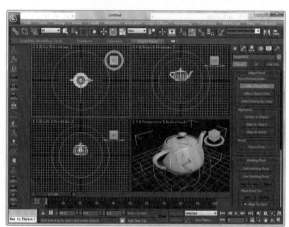

图 3-29 角度旋转完成

提示

3ds Max与Unity坐标是不同的。Unity垂直水平坐标是Y轴，而3ds Max则是Z轴，因此，经多次测试，在3ds Max的顶视图中，将Y轴在局部坐标编辑模式下向垂直屏幕旋转90度，即可得到坐标的转化。

03 退出编辑模式，选择█（File）菜单，在弹出的菜单栏中选择 Export → Export，单击"Export"命令，在弹出的对话框中选择保存路径 Assets\Model（建立的项目工程），命名为 test（自定义），如图 3-30 和图 3-31 所示。

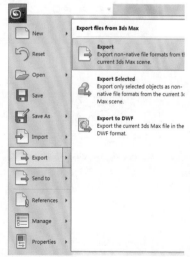

图 3-30 模型导出

图 3-31 模型导出保存路径

04 单击"Save"(保存)按钮,在弹出对话框中,其属性设置如图 3-32 所示,
然后单击"OK"按钮。

图 3-32 模型导出设置

3.3.2 Max 模型导入 Unity

将从 3ds Max 导出的 FBX 文件导入项目
工程,Unity 将自动检测添加到项目文件夹的
资源文件夹中的文件。当把任何资源放到资源
文件夹中的时候,就会看到资源出现在项目视
图中。

01 运行 Unity 软件,在项目视图就能看到从 3ds
Max 导出的 FBX 文件,如图 3-33 所示。

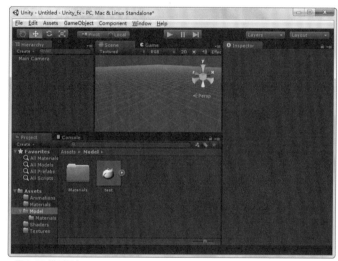

图 3-33 模型导入 Unity

提示

从任何3D软件导出的文件,在Unity中都会有Materials(材质)文件。如果赋予了模型Unity中的材质,导入FBX文件Materials(材
质)文件将没有意义,可以删掉。

02 选择模型文件拖动到层次结构视图,在场景视
图中就可以看到 3D 模型对象,选择场景对象,就
可以在检视图中看到其属性,如图 3-34 所示。

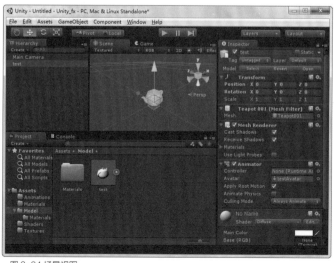

图 3-34 场景视图

3.3.3 Max 动画导出设置

Unity 支持多种主流 3D 软件 Meshes Animations（网格动画）文件，Unity 支持多种外部导入的模型格式，但它并不是对每一种外部模型的属性都支持。具体的支持参数可以对照表 3-1。

表3-1

软件种类	网络	材质	动画	骨骼
Maya的.mb和.mal格式	√	√	√	√
3D Studio Max的.maxl格式	√	√	√	√
Cheetah 3D的.jasl格式	√	√	√	√
Cinema 4D的.c4dl 2格式	√	√	√	√
Blender的.blendl格式	√	√	√	√
Carraral	√	√	√	√
COLLADA	√	√	√	√
Lightwavel	√	√	√	√
Autodesk FBX的.dae格式	√	√	√	√
XSI 5的.xl格式	√	√	√	√
SketchUp Prol	√	√		
Wings 3DI	√	√		
3D Studio的.3ds格式	√			
Wavefront的.obj格式	√			
Drawing InterchangeFiles的.dxf格式	√			

01 使用 Max 打开制作好的动画场景。

02 选择菜单栏 File → Export，如图 3-35 所示。

03 单击 "Export" 菜单，在弹出的对话框中命名保存的动画名称，单击 "Save"（保存）按钮，如图 3-36 所示。

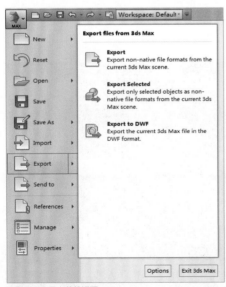

图 3-35 导出菜单视图

图 3-36 选择保存路径

04 单击"Save"（保存）按钮，弹出对话框，动画属性的主要参数设置如图 3-37 所示。

05 对动画导出参数设置完成后，单击"OK"按钮，即可保存好 FBX 的动画文件。

图 3-37 动画导出参数设置

3.3.4 Max 动画导入 Unity

1. Animations（动画）

Unity 的动画系统允许我们创建优美的动画角色。动画系统支持动画合成、混合、添加动画、步调周期时间同步、动画层、控制动画回放的所有方面（时间、速度、混合权重），每个顶点有 1、2、4 个骨骼的网格蒙皮，以及最终基于物理的玩偶。

2. Importing The Animations（导入动画）

首先导入角色。Unity 支持导入 Maya（.mb 或 .ma）文件，Cinema 4D（.c4d）文件，和 3ds Max 的 FBX 文件，这些可从大多数三维动画软件包导出。

最方便地制作动画的途径是一个包含所有动画的单一模型。当导入该动画模型时，可以定义每个动画的部分由哪些帧构成。Unity 将把动画自动分割成独立的部分，称为动画片段。

例如：

Walk（行走动画）在帧 0~20；

Run（跑步动画）在帧 20~35；

Jump（踢腿动画）在帧 35~75。

要导入动画，只需放置模型到项目的资源文件夹中，Unity 将会自动导入。在项目视图中高亮它（选中它时），并在检视视图中编辑导入设置，如图 3-38 所示。

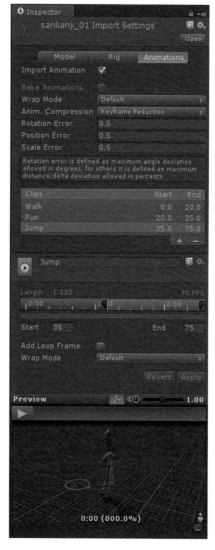

图 3-38 动画属性

在导入设置中，拆分动画表是告诉 Unity：资源文件的哪些帧构成动画的哪些片段。此处指定的名称用于在游戏中启动它们，如表 3-2 所示。

表3-2

项目名称	名称解释
Name （名称）	定义在Unity中动画片段的名称
start frame （起始帧）	动画的第一帧，帧编号是3D程序创建动画的同一帧
stop frame （终止帧）	动画的最后一帧
WrapMode [包装（换行）模式]	定义超出了片段播放范围的时间应该如何处理（一次、循环、往复、永久钳）
loop frame （循环帧）	如果启用，动画末尾将插入一个额外的循环帧，此帧和剪辑的第一帧相匹配。如果想做一个循环动画并且第一帧和最后一帧不完全匹配时，使用它

下面我们学习 Importing Animations using multiple model files（使用多个模型文件导入动画）按钮。

导入动画的另一种方法是在后面接"@"动画命名方案。创建单独的模型文件时可使用这样的命名约定——"模型名称"@"动画名称".fbx。

Unity 自动导入 4 个文件，并收集所有动画到没有 @ 符号的文件。在上文的例子中，goober.mb 文件将自动设置引用休闲、跳跃、走路和翻墙。

还有一个是 Importing Inverse Kinematics（导入反向运动）。

当导入的动画角色是通过 Maya 使用 IK（反向动力学）或 Max 创建的，必须检查导入设置中的烘焙 IK 与仿真箱。否则，角色将不能正确动作。

角色在动画列表中有 3 个动画且没有默认动画。通过从项目视图拖动动画片段到角色上（无论是在层次视图或场景视图），可以添加更多的动画到角色上。这也将设置默认动画，当单击播放按钮，默认动画将运行。

提示

如果动画回放正确，可以用它来快速测试，还可以使用包装模式查看动画的默认行为，尤其是循环。

还有一个按钮是 Bringing the character into the Scene（产生角色到场景中）。

当已经导入了模型，从项目视图中拖动对象到场景视图或层次视图中观察。

3.4 认识 Unity3D 粒子系统

Unity 粒子基本上是在三维空间中渲染的二维图像，它们主要用于诸如烟、火、水滴、雨雪、风尘或树叶等效果。一个粒子系统由 3 个主要的独立部分组成：粒子发射器、粒子动画器和粒子渲染器。Unity 4.3.4 新增加的粒子系统比以前的旧版本更强大，控制性强、粒子仿真能力更强、可控属性强；如果想要一个静态粒子系统，可以用一个粒子发射器和渲染器来完成。粒子动画器将在不同的方向发射粒子和改变粒子的颜色。还可以通过脚本使用粒子系统中的每一个粒子，因此可以创建自己独特的（粒子）行为。

3.4.1 粒子系统的建立

Unity 中，一个粒子系统是一个对象，它包含了一个粒子发射器、一个粒子动画器和一个粒子渲染器。粒子发射器产生粒子，粒子动画器则随时间播放粒子，粒子渲染器将它们绘制在屏幕上。

● Ellipsoid Particle Emitter（椭球粒子发射器）

椭球粒子发射器在一个球形范围内产生大量粒子，使用 Ellipsoid 属性来缩放和拉伸范围。

01 选择菜单栏中的 Game Object → Create Empty（组合键为 Ctrl+Shift+N）创建一个空对象，如图 3-39 所示。

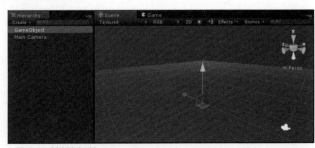

图 3-39 创建游戏对象

02 选择检视视图，单击"Add Component"按钮，在弹出的对话框中选择 Effects → Legacy Particles → Ellipsoid Particle Emitter，如图 3-40~ 图 3-43 所示。

图 3-40 添加效果（1）

图 3-41 添加效果（2）

图 3-42 添加粒子发射器

图 3-43 粒子发射器属性

提示

选择菜单栏Component→Effects→Legacy Particles→Ellipsoid Particle Emitter，同样可以建立粒子系统。

03 选择菜单栏 Component → Effects → Legacy Particl-es → Particle Animator，如图 3-44 所示。

04 选择菜单栏 Component → Effects → Legacy Particles → Particle Renderer，如图 3-45 所示。

05 当建立好粒子发射器、粒子动画、渲染粒子时，在场景视图中就可以观察到粒子在发射，如图 3-46 所示。

图 3-44 粒子动画属性

图 3-45 粒子渲染属性

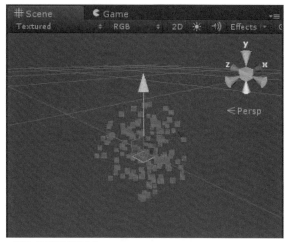

图 3-46 粒子创建完成

3.4.2 Particle Properties(粒子属性)

1. Ellipsoid Particle Emitter（椭球粒子发射器）。

椭球粒子发射器系统，如图 3-47 所示。

图 3-47 粒子属性参数

椭球粒子发射器的属性如表 3-3 所示。

表3-3

项目名称	名称解释
Emit （发射）	如果启用，发射器将发射粒子
Min Size（最小尺寸）	在产生粒子时每个粒子可以达到的最小尺寸
Max Size（最大尺寸）	在产生粒子时每个粒子可以达到的最大尺寸
Min Energy（最小活力）	每个粒子的最短寿命，以秒为单位
Max Energy（最大活力）	每个粒子的最长寿命，以秒为单位
Min Emission（最小发射）	每秒会产生的粒子的最小数目
Max Emission（最大发射）	每秒会产生的粒子的最大数目
WorldVelocity（世界速度）	在世界空间中粒子的初始速度，沿X轴、Y轴和Z轴方向
Local Velocity（相对速度）	粒子沿X轴、Y轴和Z轴方向的初始速度，以对象的定向为测量基准
Rnd Velocity（随机速度）	沿X轴、Y轴和Z轴的随机的加速度
Emitter Velocity Scale（发射器速度比例）	粒子继承的发射器速度的总和
Tangent Velocity（切线速度）	粒子沿X轴、Y轴和Z轴跨越发射器表面的初始速度
Simulate In WorldSpace（模拟世界空间）	如果启用，发射器移动时粒子不动；如果禁用，发射器移动时，粒子则跟随在周围
One Shot（单次发射）	如果启用，单次发射器将一次性创建Emission属性中（指定的数目）的所有粒子，然后停止发射粒子；如果禁用，这些粒子将产生一个粒子流
Ellipsoid（椭球）	沿X轴、Y轴和Z轴产生粒子的球形范围
Min Emitter Range（最小发射器范围）	在球形的中心确定一个空白区域——用此来使粒子出现在该球形的边缘

2. Mesh Particle Emitter（网格粒子发射器）。

网格粒子发射器在一个网格周围发射粒子。粒子从网格的表面产生，它适用于想让粒子与物体通过复杂的方式相互作用的情况，如图 3-48 所示。

图 3-48 粒子属性参数

网格粒子发射器的属性如表 3-4 所示。

表3-4

项目名称	名称解释
Emit （发射）	如果启用，发射器将发射粒子
Min Size（最小尺寸）	在产生粒子时每个粒子可以达到的最小尺寸
Max Size（最大尺寸）	在产生粒子时每个粒子可以达到的最大尺寸
Min Energy（最小活力）	每个粒子的最短寿命，以秒为单位

（续表）

项目名称	名称解释
Max Energy（最大活力）	每个粒子的最长寿命，以秒为单位
Min Emission（最小发射）	每秒会产生的粒子的最小数目
Max Emission（最大发射）	每秒会产生的粒子的最大数目
World Velocity（世界速度）	在世界空间中粒子的初始速度，沿 X 轴、Y 轴和 Z 轴方向
Local Velocity（相对速度）	粒子沿 X 轴、Y 轴和 Z 轴方向的初始速度，以对象的定向为测量基准
Rnd Velocity（随机速度）	沿 X 轴、Y 轴和 Z 轴的随机的加速度
Emitter Velocity Scale（发射器速度比例）	粒子继承的发射器速度的总和
Tangent Velocity（切线速度）	粒子沿 X 轴、Y 轴和 Z 轴跨越发射器表面的初始速度
SimulateIn World Space（模拟世界空间）	如果启用，发射器移动时粒子不动；如果禁用，发射器移动时，粒子则跟随在周围
One Shot（单次发射）	如果启用，发射器移动时粒子不动，如果禁用，发射器移动时，粒子则跟随在周围
Interpolate Triangles（插值三角形）	如果启用，粒子将产生在网格的表面上；如果禁用，粒子仅从网格的顶点产生
Systematic（系统的）	如果启用，粒子将按网格定义的顶点顺序来产生。虽然你很少直接控制网格顶点顺序，但在初始使用时，大多数3D建模程序中都有非常系统的设置。这在网格没有表面的时候是很重要的
Min Normal Velocity（最小正常速率）	从网格抛出的粒子的最小数目
Max Normal Velocity（最大正常速率）	从网格抛出的粒子的最大数目

3. Particle Animator（粒子动画器）。

粒子动画器随着时间移动粒子，使用它们应用拖放和颜色循环到粒子系统，如图 3-49 所示。

图3-49 粒子动画属性参数

粒子动画器的属性如表 3-5 所示。

表3-5

项目名称	名称解释
Does Animate Color（使用动画颜色）	如果启用，粒子在持续时间内将轮换使用颜色
Color Animation（动画颜色）	列出5种粒子的颜色。所有粒子轮换使用这些颜色——如果有的粒子寿命比别的短，他们将动得更快
World Rotation Axis（世界旋转轴）	可选的世界空间轴，粒子在其周围旋转。使用它可制造高级法术效果，或提供一些腐蚀性泡沫
Local Rotation Axis（本地旋转轴）	可选的本地空间轴，粒子在其周围旋转。使用它可制造高级法术效果，或提供一些腐蚀性泡沫
Size Grow（扩大规模）	用它来使粒子在其寿命范围内扩大规模。由于随机力量将向外散播你的粒子，扩大它们的规模往往是不错的，它们不会四分五裂。用它可以模拟烟的上升，模拟风等
Rnd Force（随机外力）	每一帧都给粒子随机力量。用它来让烟雾变得更活跃
Force（外力）	每一帧都给粒子应用力量。以相对世界为基准
Damping（减幅）	每一帧有多少粒子会变慢。值1是无阻尼，使它们慢下来

（续表）

项目名称	名称解释
Autodestruct（自动销毁）	如果启用，所有的粒子消失时，附着了粒子动画的游戏对象将被销毁

4. Particle Collider（粒子碰撞器）。

世界粒子碰撞器是用来对场景中的其他碰撞体发生粒子碰撞，如图 3-50 所示。

图 3-50 粒子碰撞器属性

粒子碰撞器的属性如表 3-6 所示。

表3-6

项目名称	名称解释
Bounce Factor（弹力系数）	粒子在与其他物体碰撞时，可以加速或减缓。该属性与粒子动画的阻尼属性类似
Collision Energy Loss（碰撞活力丢失）	粒子碰撞时丢失的活力总和（每秒）。如果低于0，粒子被消灭
Min Kill Velocity（最小消灭速率）	如果一个粒子因为碰撞，速度下降低于该值，它会被剔除
Collides with（碰撞于…）	粒子相对碰撞的层
Send Collision Message（发送碰撞消息）	如果启用，每个粒子发出一个碰撞消息，你可以通过脚本捕获

5. World Particle Renderer（粒子渲染器）。

粒子渲染器在屏幕上渲染粒子系统，如图 3-51 所示。

图 3-51 粒子渲染属性参数

粒子渲染器的属性如表 3-7 所示。

表3-7

项目名称	名称解释
Materials（材质）	将在每个粒子个体的位置显示的材质参考清单
Camera Velocity Scale（相机速度比例）	基于相机运动的粒子的伸展总量
Stretch Particles（展开粒子）	确定粒子如何被渲染
Billboard（布告板）	粒子好像面对镜头被渲染
Stretched（伸展）	粒子面对它们正在移动的方向
Sorted Billboard（分类布告板）	粒子按深度分类。当使用混合材质时用这个选项

（续表）

项目名称	名称解释
Vertical Billboard（垂直布告板）	所有的粒子沿 X / Z 轴对准平面
Horizontal Billboard（水平布告板）	所有的粒子沿 X / Y 轴对准平面
Length Scale（长度比例）	如果展开粒子设置为伸展，这个值决定粒子在其运动方向有多长
Velocity Scale（速度比例）	如果展开粒子设置为伸展，这个值决定粒子将被拉伸的比率，以它们的运动速率为基准
UV AnimationUV（动画）	如果任何一个被设置，粒子的 UV 坐标将使用动画纹理来生成。查看下面关于动画纹理的部分
X Tile X（贴片）	横穿 X 轴的帧数
Y Tile Y（贴片）	横穿 Y 轴的帧数
Cycles（循环）	动画序列的循环次数

6. Particle System Reference（粒子系统）。

这一小节包含粒子系统组件的参考信息和它的每个模块。

Particle System Reference 粒子系统是新版本加入的，相比旧版本 Particle System（粒子系统）就更加方便、功能更强大，粒子属性控制参数更多、更加灵活，提高了工作效率。粒子可以通过曲线来控制，如粒子的大小、速度，旋转等。

Unity 粒子系统被用来制造硝烟、蒸汽、雨雪、星光、烟花等效果。

粒子系统组件有许多属性，为方便起见，检视组织成可折叠的部分或"模块"，分别描述了在自己的页面，每个模块可以扩展和折叠。在左侧栏是一个复选框，可用于启用或禁用功能的部分属性。

① Particle System Inspector（粒子系统检视）。

粒子系统检视显示一个粒子系统的属性状态（勾选表示启用粒子属性，反之则表示禁用），如图 3-52 所示。

除了模块，每个模块还包含一些其他控件。勾选粒子属性显示的选项，允许编辑多个粒子属性。Resimulate 复选框决定属性变更是否应立即应用已经由系统生成的粒子（另一种是现有粒子和它们一样，只有新粒子的变化属性）。线框按钮显示了使用网格对象的轮廓显示场景中的粒子。

粒子系统组件都由一组相当复杂的属性模块组织而成。下面详细介绍粒子每个模块的属性和使用技巧。

② Main Module（主模块）。

Main Module 模块包含影响系统全局的属性。它显示的名字实际上是游戏物体的粒子系统组件连接到的名称，如图 3-53 所示。

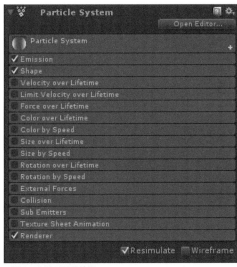

图 3-52 粒子系统检视

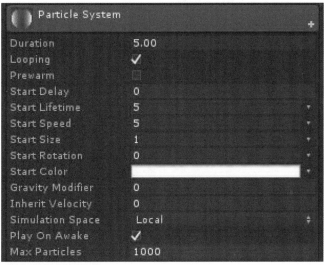

图 3-53 粒子主模块属性

粒子主模块的属性如表 3-8 所示。

表3-8

项目名称	名称解释
Duration（持续时间）	粒子发射持续的时间
Looping（循环）	开启粒子持续循环发射，关闭粒子在持续时间段发射一次
Prewarm（预热）	如果启用，该系统将被初始化，就好像它已经完成了一个完整的周期（如果启用了只适用循环）
Start Delay（初始延迟）	延迟秒之后，系统开始启用发射一次
Start Lifetime（初始寿命）	粒子发射出存在的初始时长
Start Speed（初始速度）	粒子发射时的初始速度
Start Size（初始大小）	粒子初始时的大小
Start Rotation（初始旋转）	每个粒子的初始旋转角度
Start Color（初始颜色）	每个粒子的初始颜色变化
Gravity Multiplier（重力倍数）	粒子发射后重力的因素，值为零将关闭重力
Inherit Velocity（继承速度）	粒子速度的变换因素
Simulation Space（模拟空间）	粒子在局部坐标或世界坐标空间的模拟
Play on Awake（是否创建时启动）	开启时，粒子在场景开始时播放，关闭时，需要相应的激活才可以播放动画
Max Particles（粒子的最大数量）	场景中粒子显示的最大数量，超过时将不显示

粒子系统发射的每一个粒子都在特定的时间周期内完成，但可以发出连续使用循环性能。"初始"属性（用于寿命、速度、大小、旋转和颜色）指定一个粒子的状态，但其他属性组（如寿命的大小）可以修改系统的进展情况。此外，这些所有的属性可以有一个指定的范围内的随机值的曲线。所有粒子系统使用相同的重力向量，在物理设置中指定，但重力倍数值可以用来缩放重力或开关关闭。

③ Emission Module（发射模块）。

此模块中的性能影响粒子发射的速率和时机，如图 3-54 所示。

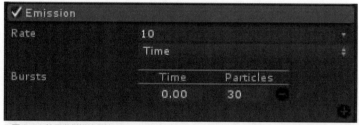

图 3-54 粒子发射模块属性

粒子发射模块的属性如表 3-9 所示。

表3-9

项目名称	名称解释
Rate（速率）	每单位时间或距离发射的粒子的数目移动（从邻接的弹出菜单中选择）
Bursts（突发）	允许额外的粒子发射在指定时间(只有当速度在时间模式)

发射率可以恒定不变或变化显示在系统的生命周期曲线。如果距离模式选择一定数量的粒子被释放的单位距离打动了父对象，这是非常有用的模拟粒子实际上是物体的运动（例如，从汽车的轮子尘土跟踪）。注意，只能当模拟空间距离模式设置为世界粒子系统部分。如果速度设置为时间模式所需的粒子数就会继承父对象的运动。此外，可以添加额外的粒子出现在特定时间。

④ Shape Module（形状模块）。

此模块用来选择发射体积的形状，并可以展开设置粒子发射体积的形状，如图 3-55 所示。

图 3-55 粒子形状模块属性

粒子形状模块的属性如表 3-10 所示。

表3-10

项目名称	名称解释
Shape（形状）	发射体积的形状。选项有球、半球、圆锥、箱、网、圈和边缘。为网格形状，有一个额外的菜单选择是粒子从顶点、三角形或网格的边缘发射
Angle（角度）	锥角的点（仅供锥）。0度的角部产生一个简体角部，90度角提供一个平坦的光盘
Radius（半径）	圆（球体、半球、锥、圆、边）的半径
Length（长度）	锥的长度（仅当"体积"模式使用）
Box X，Y，Z（盒子：X，Y，Z）	盒形的宽度高度和深度（仅为框）
Mesh（网格）	网格提供的发射器的形状（网格、网格渲染器和蒙皮网格渲染器）
Emit from Shell（壳体发射）	应该是从外表面发射的粒子，而不是内部体积的形状（对于球和半球）
Emit from（从发射）	选择锥形的部分作为发射点：底座、体积、相应Shell或卷壳
Arc（弧形）	一个完整的圆的角部，形成了发射器的形状（圆）
Emit From Edge（边缘发射）	从圆形的边缘发射（仅为圆）
Single Material（单个材质）	应该是从一个特定的子网格（确定的材质指数）发射的粒子。如果启用了，允许指定材料索引号
Use Mesh Colors（使用网格颜色）	使用或无视网格颜色
Normal Offset（正常偏移）	距离网格的表面发射粒子（在表面法线的方向上）
Random Direction（随机方向）	当启用时，粒子的初始方向将被随机选择

⑤ Velocity Over Lifetime Module（生命周期速度）。

在该模块中可以指定：在粒子的寿命周期内加速可以用于改变粒子的速度，如图 3-56 所示。

图 3-56 粒子生命周期速度属性

粒子生命周期速度的属性如表 3-11 所示。

表3-11

项目名称	名称解释
X，Y，Z（轴：X，Y，Z）	速度在X、Y和Z轴
Space（空间）	选择是否在X、Y和Z轴参考本地或世界空间

⑥ Limit Velocity Over Lifetime Module（生命周期内限速模块）。

该模块限制粒子在生命周期内的初始速度变化，如图 3-57 所示。

图 3-57 粒子生命周期内限速模块属性

粒子生命周期内限速模块的属性如表 3-12 所示。

表3-12

项目名称	名称解释
Speed（速度）	速度限制(分成单独的X、Y和Z组件如果启用了单独的轴)
Space（空间）	选择速度限制是否是指本地或世界空间（仅当独立轴启用）
Dampen（抑制）	当超过转速限制时，粒子的速度会降低的部分

这种效果用来模拟空气阻力、减缓粒子非常有用，特别是当一个递减曲线是用来随着时间的推移以较低的速度限制。例如，爆炸或烟火最初以极快的速度爆炸，但从它发出的颗粒迅速减慢，因为它们通过空气受到了阻力。

⑦ Force Over Lifetime Module（存活期间的受力模块）。

这个模块控制粒子的速度是如何随时间而调整的，如图 3-58 所示。

图 3-58 粒子存活期间的受力模块属性

粒子存活期间的受力模块的属性如表 3-13 所示。

表3-13

项目名称	名称解释
X，Y，Z	力应用于在X，Y和Z轴的每个粒子
Space空间	选择力是否应用于本地或世界空间

流体往往受力的影响，因为它们移动。例如，当它从火升起来时，烟会随着它的上升轻微地加速，在它的周围被热空气所携带。通过使用曲线来控制粒子的寿命的力量，可以实现微妙的效果。使用前一个例子，烟雾会加速上升，但随着上升的空气逐渐变凉，力会减弱。浓烟从火开始加速，然后减慢，因为它蔓延，甚至开始下降到地球，如果它坚持了很长一段时间。

⑧ Color Over Lifetime Module（寿命颜色模块）。

该模块指定一个粒子的颜色和透明度随时间变化，如图 3-59 所示。

图 3-59 粒子寿命颜色模块属性

粒子寿命颜色模块的属性如表 3-14 所示。

表3-14

项目名称	名称解释
Color颜色	粒子在其生命周期的颜色渐变

随着时间的推移，许多类型的天然的和奇幻粒子会出现不同的颜色，所以这个属性有很多用途。例如，白色热火花会通过空气和魔法咒语可能爆发出彩虹的颜色。不过，或许更重要的方面是 Alpha 的变化（透明度）。

⑨ Color By Speed Module（颜色速度模块）。

粒子的颜色可以根据它的速度在每秒距离单位中改变，如图 3-60 所示。

图 3-60 粒子颜色速度模块属性

粒子颜色速度模块的属性如表 3-15 所示。

表3-15

项目名称	名称解释
Color（颜色）	粒子的颜色渐变定义速度范围
Speed Range（速度范围）	低和高的颜色渐变映射的速度范围(范围之外的速度将映射到结束点的速度)

燃烧或发光的颗粒，如火花，会倾向于更明亮地燃烧，它们迅速通过空气（接触更多的氧气），但随后略有下降，因为它们慢下来了。为了模拟这一点，可以用一个渐变的速度来使用颜色，在速度范围的上端和红色的下端有一个渐变的颜色。

⑩ Size Over Lifetime Module（生命周期内的大小模块）。

许多影响涉及粒子根据曲线变化的大小，可以在此模块中设置，如图 3-61 所示。

图 3-61 粒子生命周期内的大小模块属性

粒子生命周期内的大小模块的属性如表 3-16 所示。

表3-16

项目名称	名称解释
Size（大小）	曲线定义粒子的大小在其生命周期

粒子代表气体火焰或烟，通常会改变大小，因为它们是远距离发射。例如，吸烟会驱散和占领更大的体积。这种效应可以通过设置烟雾粒子的曲线向上的斜坡，增加粒子的寿命。火球由燃料燃烧，火焰粒子发射然后消失后会扩大和收缩燃料消耗，火焰消散。

⑪ Size By Speed Module（大小速度模块）。

粒子的大小可以根据它的速度在每秒距离单位中改变，如图 3-62 所示。

图 3-62 粒子大小速度模块属性

粒子大小速度模块的属性如表 3-17 所示。

表3-17

项目名称	名称解释
Size（大小）	曲线定义粒子在一个速度范围中的大小
Speed Range（速度范围）	速度范围的低端和高端的大小曲线映射（范围之外的速度将映射到曲线的终点）

有些情况下粒子与随机发射速度和最小的粒子也应该是最快地移动。例如，期望一个爆炸的小碎片比大的碎片加速更大。可以使用一个简单的斜坡曲线来实现这样的效果，增加的大小与粒子的速度成比例。（请注意，除非粒子收缩，否则不要使用极限速度。）

⑫ Rotation Over Lifetime Module（生命周期内的旋转速度模块）。

这个模块可以设置粒子旋转速度变化快慢等，如图 3-63 所示。

图 3-63 粒子生命周期内的旋转速度模块属性

粒子生命周期内的旋转速度模块的属性如表 3-18 所示。

表3-18

项目名称	名称解释
Separate Axes（分离轴）	允许指定轴进行旋转；粒子存活期间的旋转速度
Angular Velocity（角速度）	每秒旋转速度

控制每个粒子在其存活期间的旋转速度。采用固定旋转速度，使用曲线将旋转速度动画化或使用两条曲线指定随机旋转速度，如图 3-64 所示。

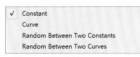
图 3-64 展开菜单

Options 选项：

角速度的选择可以改变默认的恒定速度。速度的下降，可以提供以下信息。

Constant 常数：每秒粒子旋转的速度。

Curve 曲线：角速度可以设置粒子在寿命周期内的改变。一个曲线编辑器出现在粒子属性的底部，它允许控制粒子的整个生命过程中的速度变化，如图 3-65 所示。

Random Between Two Constants（常数之间的随机性）：角速度特性有两个角度允许它们之间的旋转。

Random Between Two Curves（两条曲线之间的随机）：角速度可以被设置为一个曲线所指定的粒子的寿命变化。在这种模式下，编辑两曲线，每个粒子会挑这两曲线之间的范围内定义的随机曲线，如图 3-66 所示。

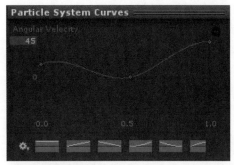
图 3-65 粒子速度曲线（1）

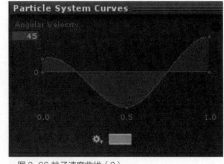
图 3-66 粒子速度曲线（2）

⑬ Rotation By Speed Module（旋转速度模块）。

一个粒子的旋转，可以在这里改变，根据其在每秒距离单位的速度，如图 3-67 所示。

图 3-67 粒子旋转速度模块属性

粒子旋转速度模块的属性如表 3-19 所示。

表3-19

项目名称	名称解释
Angular Velocity（角速度）	用于重新映射粒子速度的旋转速度。使用曲线来改变旋转速度

项目名称	名称解释
Speed Range（速度范围）	界定速度范围的最小值和最大值，该范围用于将速度重新映射到旋转速度上

⑭ External Forces Module（外力模块）。

这个属性的修改影响风区发出的粒子系统，如图 3-68 所示。

图 3-68 粒子外力模块属性

粒子外力模块的属性如表 3-20 所示。

表3-20

项目名称	名称解释
Multiplier（乘数）	确定粒子受风带影响程度的缩放比例

一个地形可以让风区影响树木的运动。启用本节允许风区吹离系统的粒子。乘数的值可以缩放风对粒子的影响，因为它们通常被吹得比树枝更强烈。

为该粒子系统（Particle System）中的粒子设置碰撞。现在支持世界碰撞和平面碰撞。平面碰撞对简单碰撞检测而言非常有效。通过引用场景中的现有变换或为此创建新的空游戏对象（GameObject）来设置平面。平面碰撞的另一个优势是具有碰撞平面的粒子系统可设为预设。世界碰撞采用光线投射，所以必须小心使用，以确保良好性能。然而，在近似碰撞可接受的情况下，低（Low）或中等（Medium）质量的世界碰撞非常有效。

⑮ Collision Module（碰撞模块）。

这个模块控制粒子与对象设置碰撞属性，如图 3-69 所示。

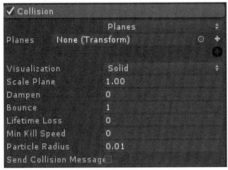

图 3-69 粒子碰撞模块属性

粒子碰撞模块的属性如表 3-21 所示。

表3-21

项目名称	名称解释
Planes/World（平面世界）	指定碰撞类型：平面（Planes）指平面碰撞；世界（World）指世界碰撞
Planes（平面）	平面通过向变换分配引用来定义。该变换可为场景中的任何变换，且可动画化。可以使用多平面。注意：Y 轴用作平面法线
Visualization（可视化）	仅用于将平面可视化：网格（Grid）或实体（Solid）
Scale Plane（缩放平面）	调整可视化平面大小
Visualize Bounds（可视化边界）	设置每个粒子的碰撞边界在场景视图中的线框的形状
Dampen（阻尼）	（0-1）粒子碰撞时，将保持这一速度比例。除非设置为 1.0，否则粒子在碰撞后会变慢
Bounce（反弹）	（0-1）粒子碰撞时，会保持这一速度分量比例，该分量与碰撞平面垂直

项目名称	名称解释
Lifetime Loss（生命减弱）	(0-1) 每次碰撞后初始生命周期 (Start Lifetime) 减弱比例。生命周期达到 0 后，粒子死亡。例如，如果粒子应该在第一次碰撞时死亡，则将该属性设为 1.0
Min Kill Speed（最小杀死速度）	粒子在被杀死前的最小速度
Radius Scale（半径缩放）	允许调整粒子的半径的碰撞球体，所以它更符合视觉边缘的粒子图形
Send Collision Messag es（发送碰撞信息）	确定是否要发送碰撞信息，从而确定是否触发游戏对象（GameObjects）和ParticleSystems 上的OnParticle Collision 回调

⑯ Sub Emitters Module（子发射器模块）。

这个模块允许设置 sub-emitters。这些粒子系统创建一个粒子在它生命周期的某些阶段的位置，如图 3-70 所示。

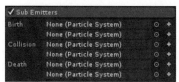

图 3-70 子发射器模块属性

子发射器模块的属性如表 3-22 所示。

表3-22

项目名称	名称解释
Birth（产生）	该粒子系统 (Particle System) 中每个粒子产生时生成另一个粒子系统
Collision（碰撞）	该粒子系统 (Particle System) 中每个粒子碰撞时生成另一个粒子系统
Death（死亡）	该粒子系统 (Particle System) 中每个粒子死亡时生成另一个粒子系统

⑰ Texture Sheet Animation Module（纹理层动画模块）。

粒子的图形不必是静止图像。这个模块可以把纹理作为一个单独的子图像的网格，可以作为动画的帧进行播放，如图3-71 所示。

图 3-71 粒子纹理层影格动画模块属性

在粒子存活期间动画化 UV 坐标。动画帧以网格形式显示，或者层中的每行都是单独的动画。帧可以用曲线动画化或者是两条曲线之间的随机帧。动画速度用"周期 (Cycles)"定义。

提示

用于动画的纹理是渲染器（Renderer）模块中所发现材质使用的纹理。

粒子纹理层动画模块的属性如表 3-23 所示。

表3-23

项目名称	名称解释
Tiles（平铺）	定义纹理的平铺
Animation（动画）	指定动画类型：整层（Whole Sheet）或单行（Single Row）
Whole Sheet（整层）	将整层用于UV动画
Single Row（单行）	将一行纹理层用于UV动画

（续表）

项目名称	名称解释
Random Row（随机行）	如果选中此项，起始行随机，如果取消选中，则可以指定行指数（第一行为 0）
Frame OverTime（时间帧）	在每个粒子存活期间，在整层上控制其 UV 动画帧。采用常量，使用曲线将帧动画化或使用两条曲线指定随机帧
Cycles（周期）	指定动画速度

⑱ Renderer Module（渲染模块）。

这个模块的设置决定了粒子的图像或网格转化，阴影和透视其他粒子，如图 3-72 所示。

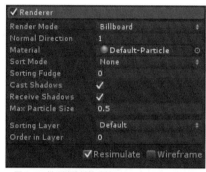

图 3-72 粒子渲染模块属性

粒子渲染模块的属性如表 3-24 所示。

表3-24

项目名称	名称解释
Render Mode（渲染模块）	选择下列粒子渲染模式之一
Billboard（广告牌）	粒子总是面对着镜头
Stretched Billboard（拉伸广告牌）	面向摄像机，但具有速度缩放应用，使用下列参数拉伸粒子
—Camera Scale（摄像机缩放）	决定拉伸粒子时考虑进来的摄像机速度影响程度
—Speed Scale（速度缩放）	通过对比粒子速度来确定其长度
—Length Scale（长度缩放）	通过对比粒子宽度来确定其长度
Horizontal Billboard（水平广告牌）	让粒子与 XZ 平面对齐
Vertical Billboard（垂直广告牌）	面向摄像机时，让粒子与 Y 轴对齐
Mesh（网格）	使用 3D 网格呈现渲染粒子
Normal Direction（法线方向）	值 0 至 1，确定法线与相机所成角度 (0) 及偏离视图中心的角度 (1)
Material（材质）	广告牌或 3D 网格粒子所用的材质
Sort Mode（排序模式）	粒子绘制顺序可通过距离、最先生成或最晚生成来排列
Sorting Fudge（排序校正）	使用该项影响绘制顺序。具有较小排序校正数值的粒子系统更可能放在最后绘制，因此显示在其他透明对象（包括其他粒子）前面。负整数：排序最前；正整数：排序最后
Cast Shadows（投射阴影）	粒子是否会投射阴影？这由材质决定
Receive Shadows（接受阴影）	粒子是否会接受阴影？这由材质决定
Max Particle Size（最大粒子大小）	最大的粒度（不管其他设置），表示为视窗大小的一小部分
Sorting Layer（分类层）	控制层是用于渲染粒子层级 可设置层
Order in Layer（顺序层）	层的顺序关系

3.4.3 粒子的扩展属性（拾取外部模型发射）

Unity3D 的 Particle System（粒子系统）除了本身发射粒子之外，它还可以对其他软件制作的 Mesh 模型迭代发射，如曲线、柱体等。这样更方便制作一些刀光、瀑布、流动光线效果等。下面就来学习粒子系统拾取外部模型的发射。

01 首先创建一个 Particle System（粒子系统），如图 3-73 所示。

02 选择粒子检视图 Renderer，展开粒子 Renderer 属性，单击 Render Mode 右边的按钮，在展开的选项中选择 Mesh，如图 3-74 所示。

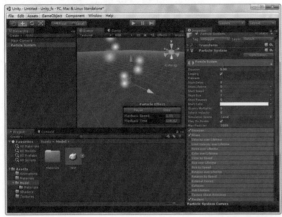

图 3-73 粒子系统

图 3-74 粒子参数属性

03 在 Mesh 下选项中，展开选项，选择茶壶模型（3ds Max 模型），如图 3-75~图 3-77 所示。

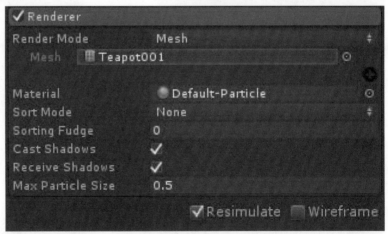

图 3-75 粒子渲染属性

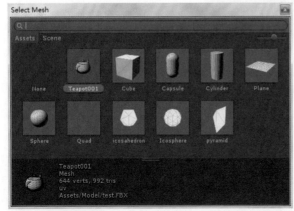

图 3-76 模型对象选择

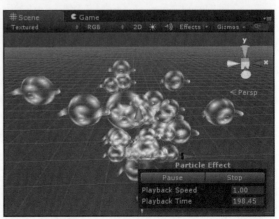

图 3-77 场景视图

3.4.4 粒子的碰撞

粒子碰撞是游戏引擎动力学系统中的重要功能，它可以模拟出逼真的效果，创造出逼真绚丽的视觉效果。如火球撞击地面，地面就会有碎石、烟尘等飞散；这个过程使用粒子系统就可以实现。

01 创建一个 Particle System（粒子系统），如图 3-78 所示。

图 3-78 粒子系统视图

02 选择菜单栏 GameObject → Create Empty(组合键 Ctrl+Shift+N)，创建一个空物体（在游戏中不占任何资源空间），并命名为 fanban(名称可以自定义)，如图 3-79 所示。

03 选择粒子检视图，将 Gravity Multiplier 设置为 0.6，粒子属性设置如图 3-80 所示。

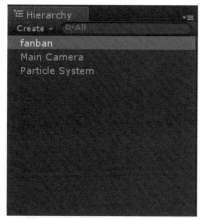

图 3-79 创建碰撞对象

图 3-80 粒子系统重力属性

04 在粒子检视图中，勾选 Collision（碰撞），单击 A 位置选择 fanban，在场景视图中就可以看到粒子碰撞反弹动画，如图 3-81 所示。

图 3-81 添加碰撞对象

05 选择 Collision 栏中的 Visualization，展开右边的选项卡，选择 Grid，如图 3-82 和图 3-83 所示。

图 3-82 碰撞模式选择

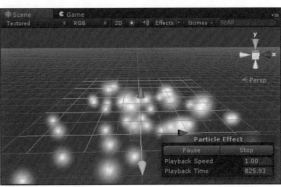

图 3-83 网格碰撞

3.5 Unity3D 资源管理

Prefabs（预设件）是一种资源类型——存储在项目视图中的一种可重复使用的游戏对象。预设件可以多次放到多个场景中。当添加一个预设件到场景中，就创建了它的一个实例。所有的预设件实例链接到原始预设件，基本上是它的克隆。不管项目存在多少实例，当对预设件进行任何更改时，将会看到这些更改将应用于所有实例。

3.5.1 Creating Prefab（创建预设）

下面学习 Creating Prefabs（创建预设）。

如何创建一个预设？要创建一个预设，首先必须使用菜单构造一个新的空白预设，这个空预设不包含游戏对象，不能创建它的一个实例。想象一个新的预设为一个空的容器，等着用游戏对象数据来填充。

01 从菜单选择 Assets → Create → Prefab 并为新预设命名，如图 3-84 所示。

02 在层次视图中，选择想使之成为预设的游戏对象。

03 在层次视图中拖动该对象到项目视图中的新预设上，如 Mesh，如图 3-85 所示。

图 3-84 预设的创建

图 3-85 场景模型视图

提示

除上述方法外，Unity 创建预设的快捷方式，可以将想要使之成为预设的游戏对象直接在层次视图中拖动该对象到项目视图中，即可生成预设并且预设名称与层次视图中的文件名称完全一样。

当完成这些步骤之后，游戏对象和其所有子对象就已经复制到了预设的数据中。该预设现在可以在多个实例中重复使用。层次视图中的原始游戏对象已经成为了该预设的一个实例。层次视图中使用蓝色文字显示。

Inheritance（继承）是指当预设源发生变化，这些变化将应用于所有已链接的游戏对象。例如，如果添加一个新的脚本到预设，所有已链接的游戏对象都将立刻包含该脚本。但是，它有可能改变一个单独实例的属性，同时保持链接。

改变任何一个预设实例的属性,可以看到变量名称变为粗体,现在该变量可以被重写,所有的重写属性不会影响预设源的变化。

可以修改预设实例,如图 3-86 所示。

图 3-86 模型对象属性

3.5.2 Output Prefab(输出预设)

预设件是一种资源类型,它可以很好地管理游戏资源,将资源实例制成一个预设,然后输出预设可以方便使用,预设中包含了资源实例中所有的信息。如何输出预设呢?下面我们就来学习。

01 首先必须将资源实例制成一个预设。

02 然后选择该预设并单击鼠标右键,在弹出的对话框中,选择"Export Package"并单击,如图 3-87 所示。

图 3-87 预设右键菜单

03 在弹出的对话框中,单击"Expor"按钮,弹出预设保存路径,将文件命名为 fx_chahu_01(名称自定义),如图 3-88~图 3-90 所示。

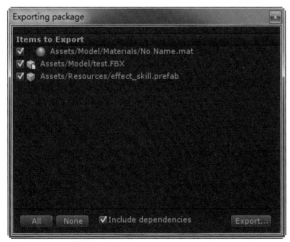

图 3-88 导出资源视图

图 3-89 保存路径和命名

图 3-90 导出完成

3.5.3 Imported Prefab（导入预设）

这一节我们学习 Imported Prefab（导入预设）。

当放置一个网格资源到资源文件夹中，Unity 自动导入文件并生成一些类似于预设的网格。这实际上不是一个预设，它只是这个资源文件本身。在使用正常预设工作时，资源的实例化和使用将带来一些当前没有的限制。

资源是作为一个游戏对象存在于场景中的实例，链接到源资源代替一个正常的预设。作为正常的游戏对象，组件可以被添加和删除。但是，不能应用任何变动到这个资源本身，因为这样将给资源文件本身添加数据。如果创建一些想要重复使用的东西，就应该将资源实例制成一个预设。

导入输出预设包 fx_chahu_01（名称自定义）。

提示

在导入项目工程已有的相同的预设时，首先要将其删除，为给读者朋友演示导入一个预设，一般情况下导入的预设都是项目工程中没有的预设；如有相同的，在导入时就会提示已经存在，无法导入。

01 选择菜单栏 Assets → Import Package → Custom Package ...，单击"Custom Package..."命令，在弹出的对话框中选择预设文件并双击或单击"打开"按钮，如图 3-91 所示。

图 3-91 打开预设包

02 双击或单击"打开"按钮后，在弹出的对话框中单击"Import"按钮，就将包文件导入了项目工程，如图 3-92 和图 3-93 所示。

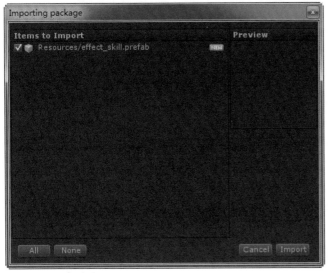

图 3-92 导入资源视图

图 3-93 预设导入完成

3.6 Materials and Shaders（材质与着色器）

1. Materials and Shaders（材质与着色器）。

在 Unity 中材质与着色器之间有着密切的关系。着色器包含着定义了属性和资源使用种类的代码。材质允许调整属性和分配资源，如图 3-94 所示。

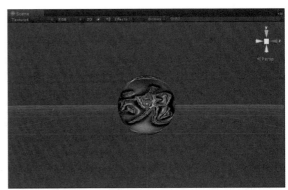

图 3-94 场景视图

要创建新材质，从主菜单或项目视图的环境菜单中，选择菜单栏 Assets → Create → Material 来创建。一旦材质已经创建，就可以将它应用到一个对象并在检视视图中调整其所有属性。要将它应用到一个对象，只需将它从项目视图中拖到场景视图或层次视图的某个对象上。

2. Setting Material Properties（设置材质属性）。

在每一组中，内置的着色器按复杂性排列，从简单的顶点光亮到复杂的视差凸起镜面。此网格显示所有内置着色器的缩略图，如图 3-95 所示。

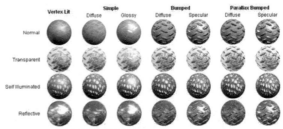

图 3-95 Unity 内置着色器矩阵

3. Shader technical details（着色技术细节）。

一个着色器本质上定义了游戏中的明暗应该如何表现的规则。在任意给定的着色器里是一个属性（通常是纹理）的数量。着色器通过材质执行，直接附属到特定的游戏对象。在一个材质里，就可以选择一个着色器，然后定义属性（通常是纹理和色彩，但性质可能不同）由该着色器使用。

3.7 Lights（光源）

创建 Lights（光源）：GameObject → Create Other → Lights。

光源是每一个场景的重要组成部分。网格和纹理决定了场景的形状和外观，光源则决定的是 3D 环境的颜色和氛围。可能在每个场景中使用一个以上的光源，让它们一起工作需要一些实践，可以实现超出我们想象的效果，是相当惊人的，如图 3-96 所示。

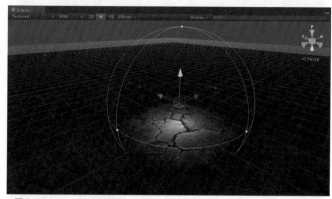

图 3-96 Point Light(点光源)

通过菜单 GameObject → Create Other 可以为游戏场景添加光源。有 3 种类型的光源，我们将在稍后讨论。一旦添加了光源，就可以像操纵其他游戏对象那样来操纵它。

此外，可以通过 Component → Rendering → Light 为选定的游戏对象添加一个光源组件。在检视视图中，光源组件有许多不同的选项，如图 3-97 所示。

通过简单地改变光源的颜色，就可以给场景一个完全不同的氛围，如图 3-98~ 图 3-101 所示。

图 3-97 检视视图中光源组件的属性（1）

图 3-98 检视视图中光源组件的属性（2）

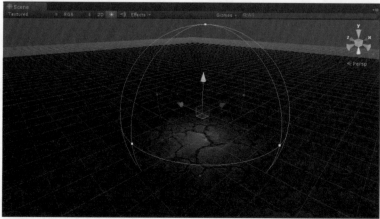

图 3-99 Point Light(点光源)（1）

图 3-100 检视视图中光源组件的属性（3）

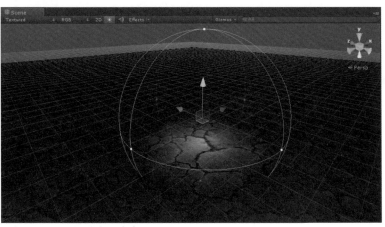

3-101 Point Light(点光源)（2）

这种方式创建的光源是实时光源——它们在游戏运行的每一帧都要进行计算。如果想知道某个地方的光照是不变的，可以使用光照贴图让游戏速度更快，视觉效果看起来更好，为游戏增加更多的环境效果。

3.8　Cameras（摄像机）介绍

3.8.1　了解 Cameras（摄像机）

创建 Cameras（摄像机）：GameObject → Create Other → Cameras。

Unity 的摄像机用来将游戏世界呈现给玩家。始终至少有一个摄像机在场景中，也可以有多个。多摄像机可以制作出双人分屏效果或创建高级的自定义效果。可以让摄像机动起来，或用物理（组件）控制它们。能想到的任何事，几乎都可以用摄像机变成可能，而且为了适合游戏风格，就可以用典型的或特殊的摄像机类型。

摄像机是为玩家捕捉和显示世界的一种装置。通过定制和操作摄像机，可以让游戏外观与众不同。在一个场景中可以有数量不限的摄像机，它们可以被设置为以任何顺序来渲染，在屏幕上的任何地方渲染，或仅仅渲染屏幕的一部分，如图 3-102 和图 3-103 所示。

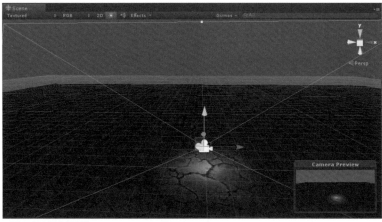

图3-102 摄像机定位

图3-103 摄像机属性参数

摄像机的属性如表 3-25 所示。

表3-25

项目名称	名称解释
Clear Flags（清除标记）	清除标志确定哪些部分屏幕将被清除。使用多台摄像机来绘制不同的游戏元素时，非常方便
Background（背景）	在镜头中的所有元素描绘完成且没有天空盒的情况下，将选中的颜色应用到剩余的屏幕

项目名称	名称解释
Culling Mask（剔除遮罩）	包含或忽略对象的层由摄像机来渲染。在检视视图中为你的对象指派层
Projection（投射）	切换摄像机的模拟透视功能
Perspective（透视）	摄像机将用完全透视的方式来渲染对象
Orthographic（正交）	摄像机将用没有透视感的方式均匀地渲染对象
Size（大小）（当选择正交时）	当设置了正交时摄像机的视口大小
Fieldo fview（视野范围）（当选择透视时）	该页包含了摄像机视图的输出。这个引用属性将禁用摄像机渲染到屏幕的功能
Clipping Planes（剪裁平面）	从摄像机到开始渲染和停止渲染之间的距离
Near（近点）	开始描绘的相对于摄像机最近的点
Far（远点）	开始描绘的相对于摄像机最远的点
Normalized View PortRect（标准视口矩形）	用4个数值来表示这个摄像机的视图将绘制在屏幕的什么地方，使用屏幕坐标系（值0~1）
X	摄像机视图将进行绘制的水平位置的起点
Y	摄像机视图将进行绘制的垂直位置的起点
W (Width)	摄像机输出到屏幕上的宽度
H (Height)	摄像机输出到屏幕上的高度
Depth（深度）	绘图顺序中的摄像机位置，具有较大值的摄像机将被绘制在具有较小值的摄像机的上面
Rendering Path（渲染路径）	该选项定义摄像机将要使用的渲染方法
Use Player Settings（使用播放器设置）	该摄像机将使用任意一个播放器设置中所设置的渲染路径
Vertex Lit（顶点点亮）	本摄像机对所有对象的渲染会作为顶点点亮对象来渲染
Forward（快速渲染）	所有对象将与每个材料一并呈现
Deferred Lighting (Unity Pro only)（延迟照明）	所有对象将无照明绘制一次，然后所有对象的照明将一起在渲染队列的末尾被渲染
Target Texture (Unity Pro only)（目标纹理）	该页包含了摄像机视图的输出。这个引用属性将禁用摄像机渲染到屏幕的功能
HDR	支持高动态范围渲染这台摄像机

1. Details（细节）。

相机用来显示玩家在游戏中操作角色互动的条件。它们可定制，也可以被定制、被脚本化或被父子化以实现几乎任何可以想象的效果。对于一个益智游戏，可能会保持摄像机静止的显示全部视角。对于第一人称射击游戏，应该将摄像机作为玩家角色的子对象，并放置在人物的眼睛水平。

可以创建多个摄像机并且给每一个分配不同的深度。摄像机是按深度从低到高来绘制的，换言之，一个深度为 2 的摄像机将绘制在一个深度为 1 的摄像机之上。可以调整标准视口矩形（参照前面的属性列表）的属性值来改变其大小和其在屏幕上的位置。这样就可以创建多个小视窗，如导弹控制器、小地图窗口、后视镜等等。

2. Render Path（渲染路径）。

Unity 支持不同的渲染路径，应该选择哪一个，取决于游戏内容和目标平台 / 硬件。不同的渲染路径有不同的功能和性能特点，主要影响光源与阴影。项目使用的渲染路径是在播放设置中选择的，此外，可以为每个摄像机覆盖它（重新选择一种渲染方式）。

3. Clear Flags（清除标记）。

每个摄像机在渲染时会存储颜色和深度信息。屏幕的未绘制部分是空的，默认情况下会显示天空盒。当使用多个摄像机时，每一个都将自己的颜色和深度信息存储在缓冲区中，还将积累大量的每个摄像机的渲染数据。当场景中的任何特定摄像机进行渲染时，就可以设定清除标记以清除缓冲区信息的不同集合。

4. Skybox（天空盒）。

在屏幕上空的部分将显示当前摄像机的天空盒，如果当前摄像机没有设置天空盒，它会默认使用渲染设置（在 Edit → Render Settings 里）中选择的天空盒，然后它将退回使用背景颜色。

5. Solid Color（单色）。

屏幕上的任何空的部分将显示当前摄像机的背景颜色。

3.8.2 Cameras（摄像机）定位

当我们在制作游戏特效的时候，需要在 Game 窗口中观察效果，而 Game 窗口的渲染是由 Camera（摄像机）来决定的。要想把场景视图中的对象以最好的角度在游戏视图中显示并观察效果，需要以下几个步骤。

01 首先将场景视图中的对象使用工具（移动、旋转、缩放等）调整好合适的角度位置。

02 在层次视图中，选中 Main Camera（新建场景默认摄像机）后，按组合键 Ctrl+Shift +F，游戏视图就相应地定位好以观察游戏对象。

提示

定位好游戏场景，可以方便我们在制作特效的时候观察，游戏视图定位好，无论我们在场景视图中如何操作，运行游戏模式观察效果，游戏窗口始终是定位好的位置。

3.9 Unity3D 插件介绍

Unity 插件非常多，为了快速方便地开发游戏，很多 Unity 爱好者为开发游戏过程中编写了很多脚本插件，这些脚本在 Unity 官网上有很多（基本都是商业脚本）。

这些脚本按用途大概分为：3D 模型、动画、声音、着色器、粒子系统、编辑器扩充、贴图材质等。特效制作中使用最频繁的是粒子系统，粒子系统插件按用途分为：火焰、水、天气、魔法技能等。这些插件的使用需要配合程序，大多数开发游戏的过程中，特效插件使用得并不多，游戏特效的设计和制作是需要按照策划需求来进行的，特效插件可以提供学习交流，也可以使用扩充的粒子系统功能更完美地制作特效。

第4章

Unity3D 场景特效分析与讲解

4.1 实例：火焰特效案例讲解

火焰是游戏场景的一种常见效果；适用于场景中的祭坛、山洞中的照明火把、房屋燃烧等。火，我们生活中接触得较多，也对火的形状和颜色比较了解。下面我们就来制作一个游戏中简单的火焰。

场景：写实火焰特效

01 创建一个 GameObject 空对象，命名为 fx_hou_4.1（自定义名称），位置归零。

提示

创建空物体的快捷键：Ctrl+Shift+N，空物体在游戏中是不占任何资源的，相当于一个帮助物体，方便我们对很多子物体进行管理；并且在程序加载特效的时候，可以决定特效位置的属性，命名和位置是很重要的，因此，读者朋友要养成命名的良好习惯。

02 首先创建一个地面参考面片模型，然后创建一个 Materials（材质球）并赋予贴图，再创建一个 Directional light 灯光。

03 创建一个 Particle System（粒子系统），修改命名为 fx_hou_01（自定义），粒子系统属性参数设置如图 4-1 和图 4-2 所示。

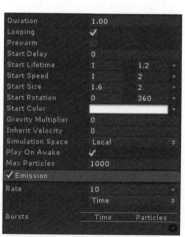

图 4-1 粒子系统属性（1）

图 4-2 粒子系统属性（2）

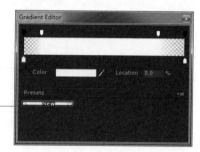

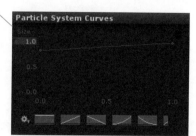

提示

Tiles 设置为 X：4，Y：4 的意思是影格贴图的 UV 动画，贴图为 4×4=16 张小图组成，因此程序要读取每张小图的方法为：从上左往右依次循环下去，如图 4-3 所示。

图 4-3 影格贴图

04 创建一个材质球，命名为 fx_m_hou_01，将赋予贴图的材质球赋予 fx_hou_01（粒子系统），如下图 4-4~ 图 4-6 所示。

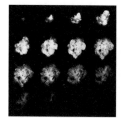

图 4-4 影格贴图

图 4-5 赋予材质

图 4-6 场景视图

05 选择 fx_hou_01（粒子系统），在粒子系统最下方单击"Add Component"按钮，在弹出的卷展栏的搜索框中键入"light"，就会索引到 light 选项，为火添加光影，如图 4-7~ 图 4-9 所示。

图 4-7 添加灯光

图 4-8 灯光属性

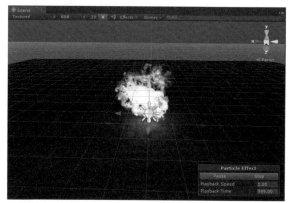

图 4-9 场景视图

06 首先选 Light 模块，属性设置如图 4-10 所示。

图 4-10 灯光属性

07 首先选择 fx_hou_4.1，按组合键 Ctrl+6，打开动画编辑器；然后单击 ▇▇ ，在弹出的窗口中，命名为 fx_hou_4.1 并将动画保存至 Animations 文件中，单击保存动画，如图 4-11 和图 4-12 所示。

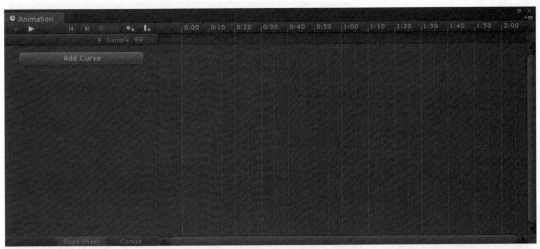

图 4-11 动画控制编辑器（1）

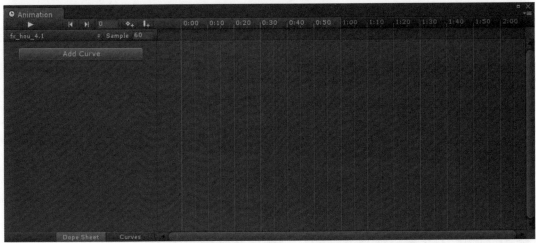

图 4-12 动画控制编辑器（2）

08 动画保存好，在动画编辑器中单击左边的"Add Curve"按钮，在弹出的下拉菜单卷展栏中选择 Light → Intensity，单击右边的"+"添加灯光属性，如图 4-13 和图 4-14 所示。

图 4-13 设置灯光动画

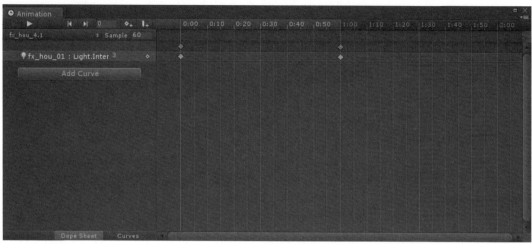

图 4-14 灯光动画帧

09 将动画时间滑块移动至第 30 帧位置，将参数设置为 4，如图 4-15 所示。

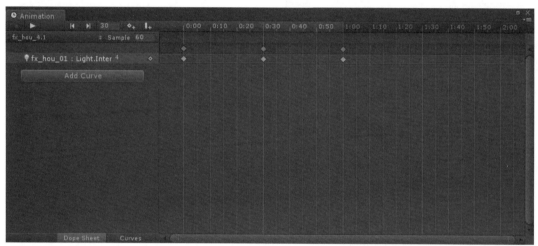

图 4-15 灯光动画设置

10 在游戏模式下查看效果，如图 4-16 所示。

图 4-16 游戏视图下的效果

4.2 实例：雪花飞舞特效案例讲解

每当冬天，北方就会雪花飞舞；仔细观察飘飞的雪花，每个雪花瓣在空中都是随机飘飞的，由于受空气的阻力和风的影响，雪花飘落方向不确定。有些读者朋友可能没有见过雪，南方很难看到雪花飘舞的美景，但这不是重点，重点是我们要会分析雪花飘落都会受到哪些外界因素的影响，然后在制作雪花飘落的时候针对这些因素进行参数调试，以达到自由随机飘落的效果。我们使用 Unity 3D 的粒子系统来模拟雪花飞舞的效果。

场景：雪花飞舞

01 创建一个 GameObject 空对象，命名为 fx_xue_4.2（自定义名称），位置归零。

02 首先创建一个地面参考面片模型，然后创建一个 Materials（材质球）并赋予贴图，再创建一个 Directional light 灯光。

03 创建一个 ParticleSystem（粒子系统），修改命名为 fx_xuehua_01（自定义）；然后再创建一个 GameObject 空对象，命名为 fx_dangban_01（作为粒子与地面的碰撞坐标）。粒子系统属性参数设置如图 4-17~ 图 4-21 所示。

提示

Unity4.3.4以上版本新加功能：直接使用World（世界坐标）模式就可以实现碰撞坐标。

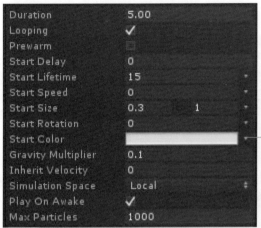

图 4-17 粒子系统属性（1）

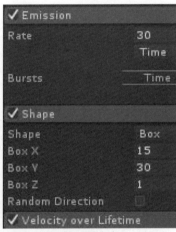

图 4-18 粒子系统属性（2）

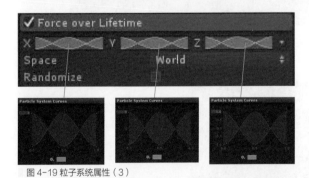

图 4-19 粒子系统属性（3）

图 4-20 粒子系统属性（4）

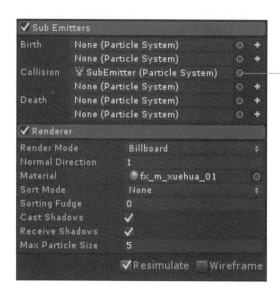

当粒子碰撞到地面时，碰撞粒子消亡时生成子粒子，子粒子系统的粒子将会平铺于地面，详细参阅子粒子系统属性设置。

图 4-21 粒子系统属性（5）

04 创建一个材质球，命名为 fx_m_xuehua _01，将赋予贴图的材质球赋予 fx_xue_4.2（粒子系统），如图 4-22~ 图 4-24 所示。

图 4-22 雪花贴图

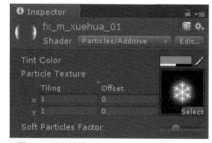

图 4-23 赋予材质

图 4-24 场景视图

05 子粒子 Particle System（粒子系统）属性参数设置如图 4-25 和图 4-26 所示。

图 4-25 子粒子系统属性（1）

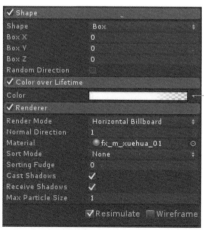

图 4-26 粒子系统属性（2）

06 选择 fx_m_xuehua_01 材质球,将赋予贴图的材质球赋予 SubEmitter(子粒子),如图 4-27 所示。

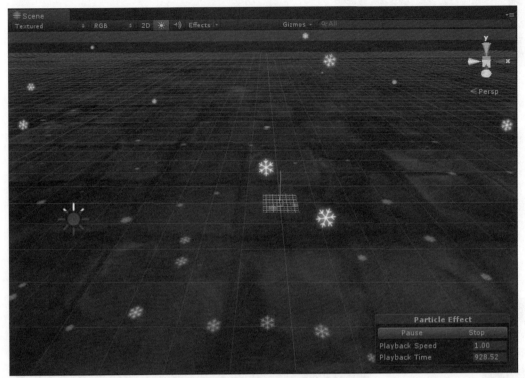

图 4-27 场景视图

第**5**章

Unity 3D 与 MAX 的基本配合

5.1 实例：武器特效案例讲解

　　游戏中玩家获得高级装备，这些高级装备和普通装备需要有很明显的差别，为了提升这种高级差异，我们就需要给高级装备做一些特别的效果，以增强吸引力和视觉感，比如武器增强效果，也称武器特效。为了增加绚丽感，给武器上加一些特效，如发光、流光、火焰、闪电、粒子星光、环绕光线等。下面就让我们做一把剑的特效。

01 创建一个 GameObject 空对象，命名为 fx_wuqitexiao_5.1（自定义名称），位置归零。

02 首先创建一个地面参考面片模型，然后创建一个 Materials（材质球）并赋予贴图，再创建一个 Directional light 灯光。

03 在 3ds Max 中导入武器模型，将武器模型命名为 fx_wuqitexiao_01，如图 5-1 所示。

04 选择 MAX → Export 菜单，单击"Export"命令，在弹出的菜单中，将文件命名为 fx_wuqitexiao_01，如图 5-2 和图 5-3 所示。

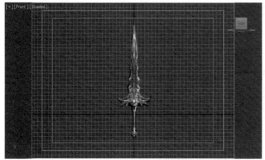

图 5-1 3ds Max 前景视图

图 5-2 模型导出

图 5-3 保存路径和命名

05 单击"Save"（保存）按钮，在弹出的对话框中去掉 Animation（动画），单击"OK"按钮，如图 5-4 所示。

图 5-4 导出属性设置

06 在 Unity3D 中创建一个 Particle System（粒子系统），修改命名为 fx_wuqiguangyun_01（自定义），粒子系统属性参数设置如图 5-5 和图 5-6 所示。

Duration	0.50
Looping	✓
Prewarm	
Start Delay	0
Start Lifetime	0.8
Start Speed	0
Start Size	1.7
Start Rotation	0
Start Color	
Gravity Multiplier	0
Inherit Velocity	0
Simulation Space	Local
Play On Awake	✓
Max Particles	1000
✓ Emission	
Rate	0
	Time
Bursts	Time Particles
	0.00 1

图 5-5 粒子系统属性

图 5-6 粒子系统属性

07 将武器在 3ds Max 中渲染一张图片，在 PS 中使用边选择，做一个外发光图片，如图 5-7 所示。

08 创建一个材质球，命名为 fx_m_wuqiguangyun_01，将赋予材质的材质球赋予 fx_wuqiguangyun_01（粒子系统），如图 5-8 和图 5-9 所示。

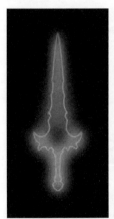

图 5-7 发光贴图

图 5-8 赋予贴图

图 5-9 游戏视图

09 首先在 3dsMax 中匹配武器模型，创建一个流光模型，尽量减少模型面数，并对其 UV 进行编辑，模型命名为 luiguang muxing_01，如图 5-10~ 图 5-12 所示。

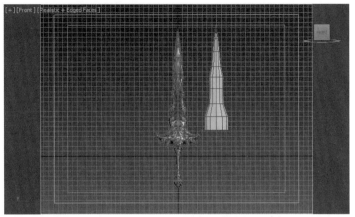

图 5-10 前景视图

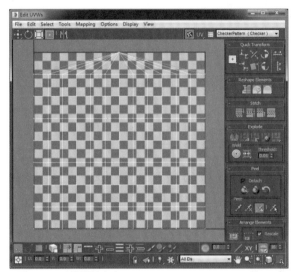

图 5-11 UV 编辑视图（1）

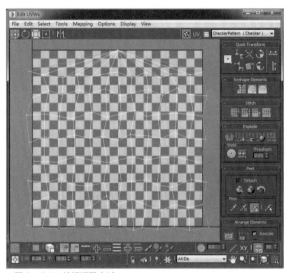

图 5-12 UV 编辑视图（2）

10 选择修改器，选定模型的底下顶点，展开 Vertex Properties 选项栏，将 Color（颜色）设置为黑色，并将 Alpha 设置为 0，如图 5-13 所示。

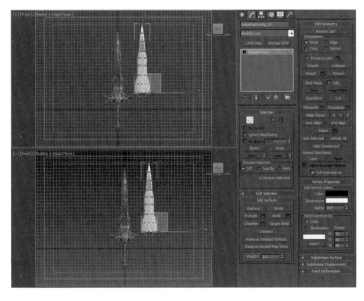

图 5-13 Alpha 控制设置

提示

将模型顶点Alpha设置为0，Color（颜色）设置为黑色是为了做渐变通道，只有这样设置，在Unity3D引擎中才可以支持实现顶点Alpha（通道）透明。

11 将创建和编辑好 UV 的流光模型导出，命名为 luiguang muxing_01（保持和模型命名一致），并导入 Unity3D 引擎，如图 5-14 所示。

图 5-14 场景视图

12 为流光模型创建一个材质球，命名为 fx_m_wuqi texiao_01，并赋予流光贴图，如图 5-15 和图 5-16 所示。

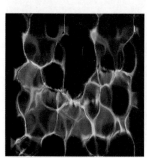

图 5-15 流光贴图

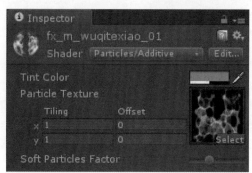

图 5-16 赋予贴图

13 将创建好的材质赋予 luiguangmuxing_01（流光模型），可以看到顶点通道实现渐变效果，如图 5-17 所示。

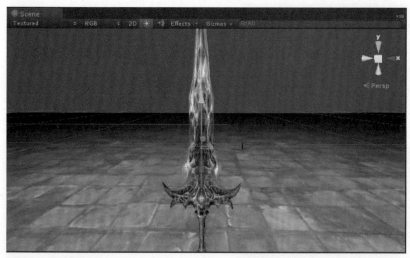

图 5-17 场景视图

14 选择 fx_wuqitexiao_5.1，按组合键 Ctrl+6 创建一个动画控制器，在弹出的对话框中，单击▇弹出保存动画窗口，命名为 fx_wuqitexiao_4.5 并单击"保存"按钮，如图 5-18 所示。

图 5-18 动画控制编辑器

15 动画控制器创建完成后，单击"Add Curve"按钮，在弹出的列表中选择 luiguangmuxing_01 并展开，在展开的列表中单击▇Material._Main Tex_ST▇后面的"+"添加 UV 动画，如图 5-19 所示。

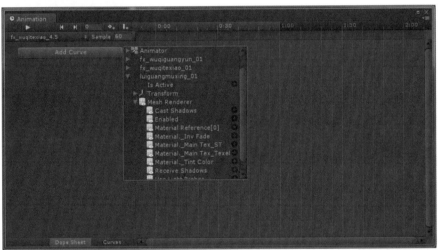

图 5-19 设置 UV 动画

16 添加▇Material._Main Tex_ST▇之后，将动画帧拖动至 3 秒位置，将参数设置为 -1，如图 5-20 所示。

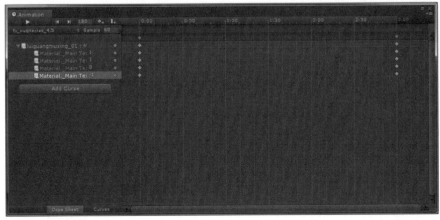

图 5-20 UV 动画帧

17 可单击 ▶ 查看 UV 动画流光效果，或在游戏视图中查看效果，效果如图 5-21 所示。

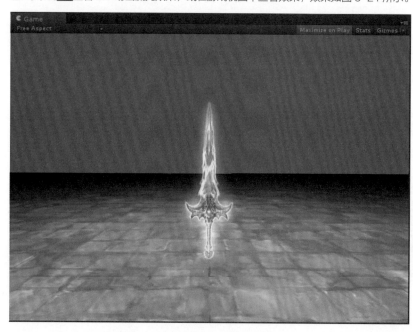

图 5-21 游戏视图

5.2 实例：BUFF 特效案例讲解

BUFF 特效是指给角色、队友或团队增加或减弱属性的技能。一般分为两种：增益 BUFF 和减益 BUFF。第一种是增强游戏对象属性；第二种是减弱游戏对象属性。下面我们来设计制作一种增益 BUFF 技能特效。

01 创建一个 GameObject 空对象，命名为 fx_buff_5.2（自定义名称），位置归零。

02 首先创建一个地面参考面片模型，然后创建一个 Materials（材质球）并赋予贴图，再创建一个 Directional light 灯光。

03 创建一个 Particle System（粒子系统），修改命名为 fx_ring_01（自定义），粒子系统属性参数设置如图 5-22 和图 5-23 所示。

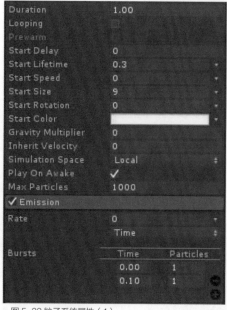

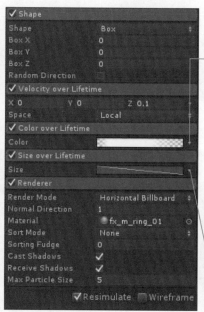

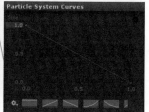

图 5-22 粒子系统属性（1）

图 5-23 粒子系统属性（2）

04 创建一个材质球，命名为 fx_m_ring_01，将赋予贴图的材质球赋予 fx_ring_01（粒子系统），如图 5-24~图 5-26 所示。

图 5-24 贴图

图 5-25 赋予贴图

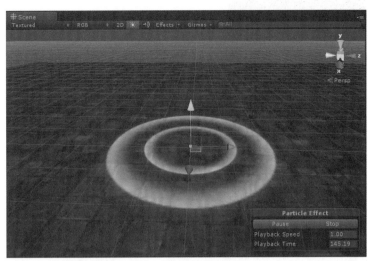

图 5-26 场景视图

05 创建一个 Particle System（粒子系统），修改命名为 fx_line_01（自定义），粒子系统属性参数设置如图 5-27 和图 5-28 所示。

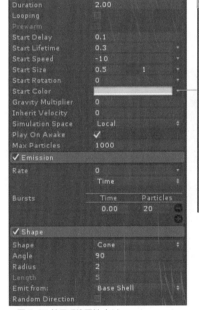

图 5-27 粒子系统属性（1）

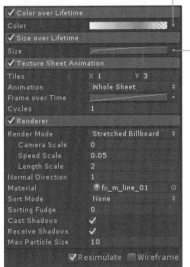

图 5-28 粒子系统属性（2）

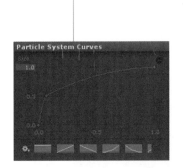

06 创建一个材质球，命名为 fx_m_line_01，将赋予贴图的材质球赋予 fx_line_01（粒子系统），如图 5-29~图 5-31 所示。

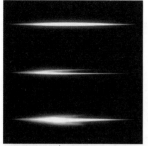

图 5-29 影格贴图

图 5-30 赋予贴图

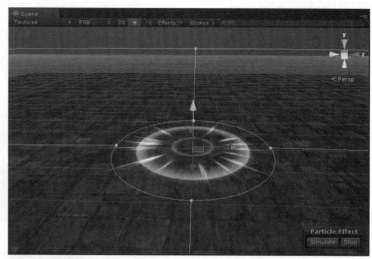

图 5-31 场景视图

07 创建一个 Particle System（粒子系统），修改命名为 fx_shuguang_01（自定义）， 粒子系统属性参数设置如图 5-32 和图 5-33 所示。

图 5-32 粒子系统属性

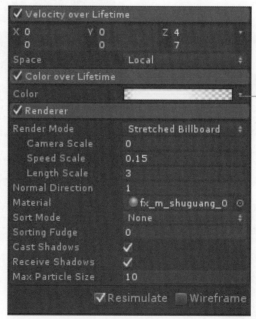

图 5-33 粒子系统属性

08 创建一个材质球，命名为 fx_m_shuguang_01，将赋予贴图的材质球赋予 fx_shugua- ng_01（粒子系统），如图 5-34~图 5-36 所示。

图 5-34 贴图

图 5-35 赋予贴图

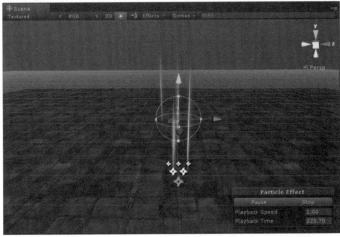

图 5-36 场景视图

09 创建一个 Particle System（粒子系统），修改命名为 fx_guangdian_01（自定义）， 粒子系统属性参数设置如图 5-37 和图 5-38 所示。

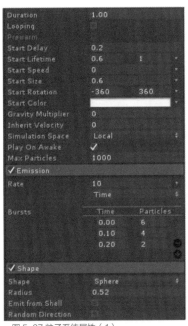
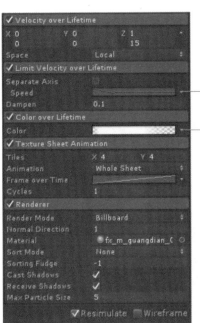
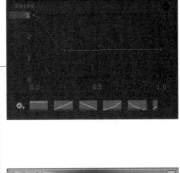

图 5-37 粒子系统属性（1）　　图 5-38 粒子系统属性（2）

10 创建一个材质球，命名为 fx_m_guangdian_01，将赋予贴图的材质球赋予 fx_guangdian_01（粒子系统），如图 5-39~ 图 5-41 所示。

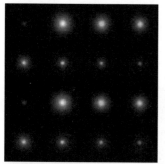

图 5-39 影格贴图

图 5-40 赋予贴图

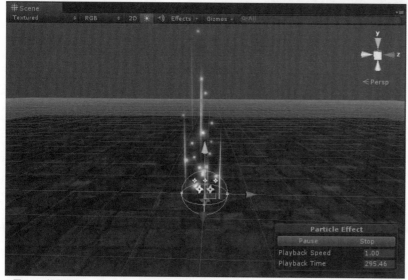

图 5-41 场景视图

11 创建一个 Particle System（粒子系统），修改命名为 fx_sanyan_01（自定义）， 粒子系统属性参数设置如图 5-42 和图 5-43 所示。

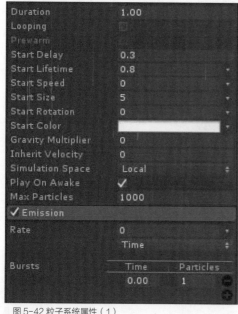

图 5-42 粒子系统属性（1）

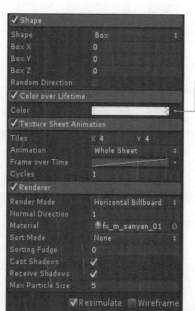

图 5-43 粒子系统属性（2）

12 创建一个材质球，命名为 fx_m_sanyan_01，将赋予贴图的材质球赋予 fx_sanyan_01（粒子系统），如图 5-44~ 图
5-46 所示。

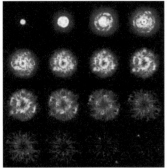

图 5-44 影格贴图

图 5-45 赋予贴图

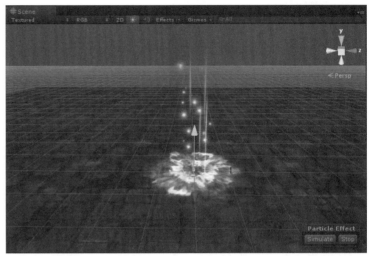

图 5-46 场景视图

13 创建一个 Particle System（粒子系统），修改命名为 fx_yunguang_01（自定义）， 粒子系统属性参数设置如图 5-47 和
图 5-48 所示。

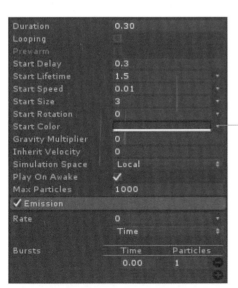

图 5-47 粒子系统属性（1）

图 5-48 粒子系统属性（2）

14 创建一个材质球，命名为 fx_m_yunguang_01，将赋予贴图的材质球赋予 fx_yunguang_01（粒子系统），如图 5-49~
图 5-51 所示。

图 5-49 贴图

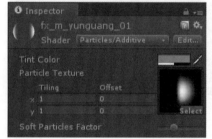

图 5-50 赋予贴图

图 5-51 场景贴图

15 创建一个 Particle System（粒子系统），修改命名为 fx_yunguang_02（自
定义），粒子系统属性参数设置如图 5-52 和图 5-53 所示。

图 5-52 粒子系统属性（1）

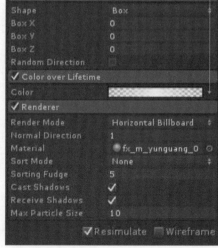

图 5-53 粒子系统属性（2）

16 创建一个材质球，命名为 fx_m_yunguang_02，将赋予贴图的材质球赋予 fx_yunguang_02（粒子系统），如图 5-54~图 5-56 所示。

图 5-54 贴图

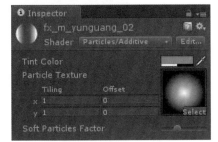

图 5-55 赋予贴图

图 5-56 场景贴图

17 创建一个 Particle System（粒子系统），修改命名为 fx_xuanline_01（自定义）， 粒子系统属性参数设置如图 5-57 和图 5-58 所示。

图 5-57 粒子系统属性（1）

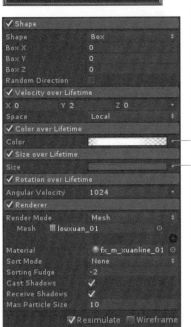

图 5-58 粒子系统属性（2）

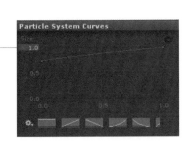

18 创建一个材质球，命名为fx_m_xuanline_01，将赋予贴图的材质球赋予fx_xuanline_01（粒子系统），如图5-59~图5-61所示。

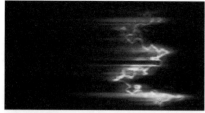

图 5-59 贴图

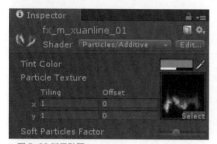

图 5-60 赋予贴图

图5-61 场景视图

19 创建一个Particle System（粒子系统），修改命名为fx_xuanline_02（自定义），粒子系统属性参数设置如图5-62和图5-63所示。

图 5-62 粒子系统属性（1）

图5-63 粒子系统属性（2）

20 创建一个材质球，命名为 fx_m_xuanline_02，将赋予贴图的材质球赋予 fx_xuanline_02（粒子系统），如图 5-64~ 图 5-66 所示。

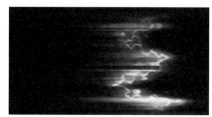

图 5-64 贴图

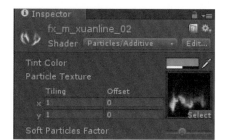

图 5-65 赋予贴图

图 5-66 场景视图

21 在游戏模式下查看效果，如图 5-67~ 图 5-71 所示。

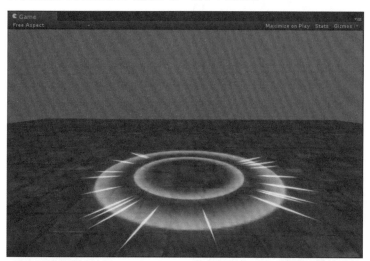

图 5-67 游戏视图（1）

图 5-68 游戏视图（2）

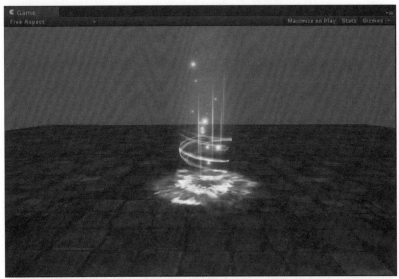

图 5-69 游戏视图（3）

图 5-70 游戏视图（4）

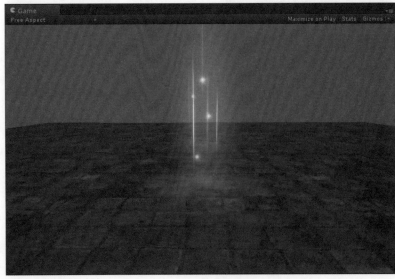

图 5-71 游戏视图（5）

5.3 实例：刀光特效案例讲解

刀光在游戏中是一种常见的视觉效果，大多武器挥动都会有光效体现其挥动轨迹，如刀光及武器挥动轨迹的光带。为了使挥刀的轨迹更加有力度感和视觉代入感，刀光需要多层光效迭代实现，为考虑其三维场景的各个方向，刀光就需要体现立体效果。下面我们就来制作游戏中的刀光效果。

01 创建一个 GameObject 空对象，命名为 fx_daoguang _ 5.3（自定义名称），位置归零。

02 首先创建一个地面参考面片模型，然后创建一个赋予枪贴图的 Materials（材质球），再创建一个 Directional light 灯光。

03 导入动画模型，将动画模型拖动至 fx_daoguang_5.3 作为 fx_daoguang_5.3 的子物体，如图 5-72 所示。

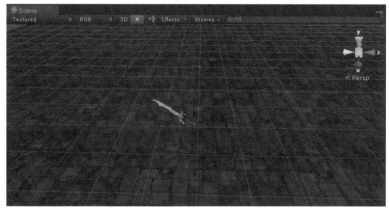

提示

可以找一把武器模型，在3ds Max中做一个挥砍动画，命名为fx_jianzhan_01（自定义名称）。

图 5-72 场景视图

04 创建一个 Particle System（粒子系统），修改命名为 fx_daoguang_01（自定义），粒子属性参数设置如图 5-73 和图 5-74 所示。

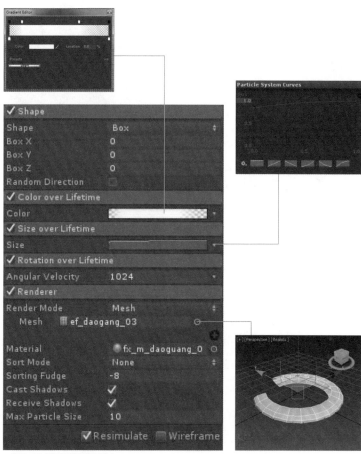

图 5-73 粒子系统属性（1）　　图 5-74 粒子系统属性（2）

05 创建一个材质球，命名为 fx_m_dao guang_01，将赋予材质的材质球赋予 fx_daoguang_01（粒子系统），如图 5-75~图 5-77 所示。

图 5-75 贴图

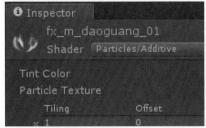

图 5-76 赋予贴图

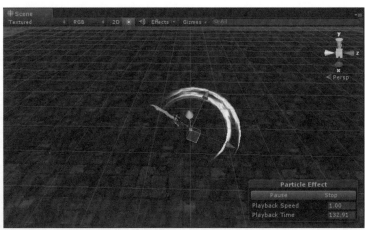

图 5-77 将赋予材质的材质球赋予粒子系统

06 创建一个 Particle System（粒子系统），修改命名为 fx_daoguang_02（自定义），粒子属性参数设置如图 5-78 和图 5-79 所示。

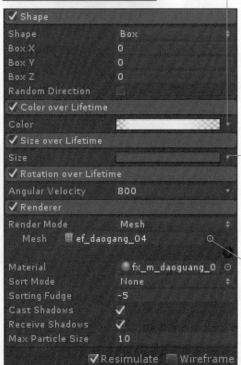

图 5-78 粒子系统属性（1）　　图 5-79 粒子系统属性（2）

07 创建一个材质球，命名为 fx_m_daoguang_02，将赋予材质的材质球赋予 fx_daoguang_02（粒子系统），如图 5-80~图 5-82 所示。

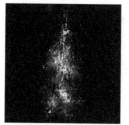

图 5-80 贴图

图 5-81 赋予贴图

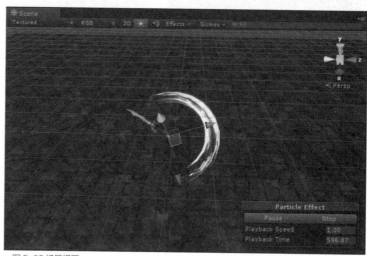

图 5-82 场景视图

08 创建一个 Particle System（粒子系统），修改命名为 fx_daoguang_03（自定义），粒子属性参数设置如图 5-83 和图 5-84 所示。

图 5-83 粒子系统属性（1）

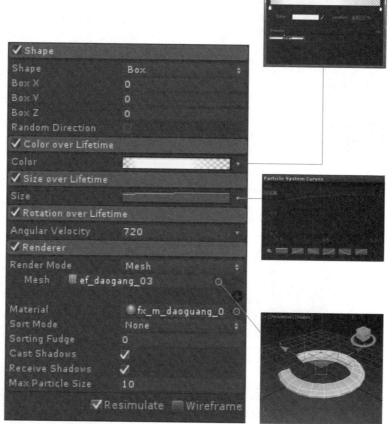

图 5-84 粒子系统属性（2）

09 创建一个材质球，命名为 fx_m_daoguang_03，将赋予材质的材质球赋予 fx_daoguang_03（粒子系统），如图 5-85~图 5-87 所示。

图 5-85 贴图

图 5-86 赋予贴图

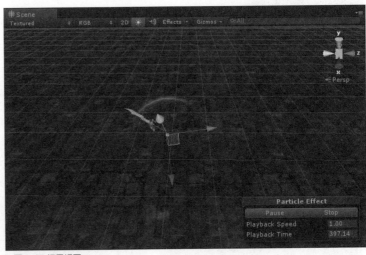

图 5-87 场景视图

10 创建一个 Particle System（粒子系统），修改命名为 fx_daoguang_04（自定义），粒子属性参数设置如图 5-88 和图 5-89 所示。

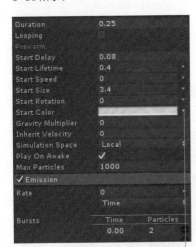

图 5-88 粒子系统属性（1）

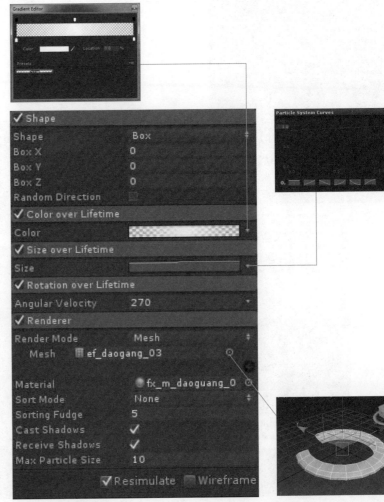

图 5-89 粒子系统属性（2）

11 创建一个材质球，命名为 fx_m_daoguang_04，将赋予材质的材质球赋予 fx_daoguang_04（粒子系统），如图 5-90~图 5-92 所示。

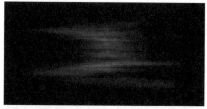

图 5-90 贴图

图 5-91 赋予贴图

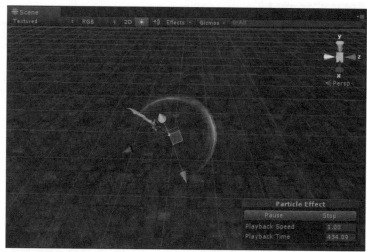

图 5-92 场景视图

12 创建一个 Particle System（粒子系统），修改命名为 fx_guangdian_01（自定义），粒子属性参数设置如图 5-93 和图 5-94 所示。

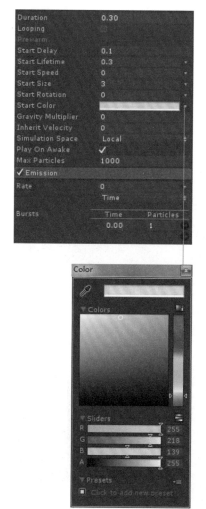

图 5-93 粒子系统属性（1）

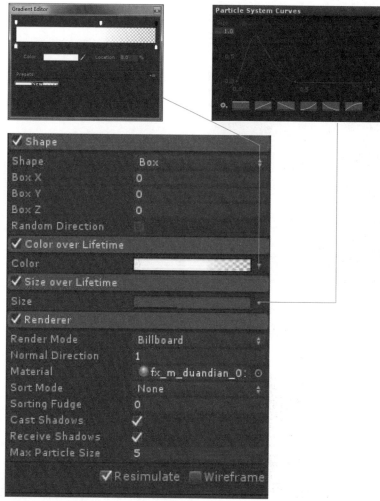

图 5-94 粒子系统属性（2）

13 创建一个材质球，命名为 fx_m_guang dian_01，将赋予材质的材质球赋予 fx_guang dian_01（粒子系统），如图 5-95~图 5-97 所示。

图 5-95 贴图

图 5-96 赋予贴图

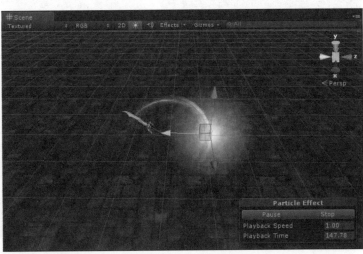

图 5-97 场景视图

14 创建一个 Particle System（粒子系统），修改命名为 fx_line_01（自定义），粒子属性参数设置如图 5-98 和图 5-99 所示。

图 5-98 粒子系统属性（1）

图 5-99 粒子系统属性（2）

15 创建一个材质球，命名为 fx_m_line_01，将赋予材质的材质球赋予 fx_line_01（粒子系统），如图 5-100~图 5-102 所示。

图 5-100 影格贴图

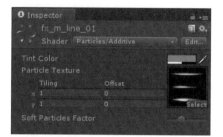

图 5-101 赋予贴图

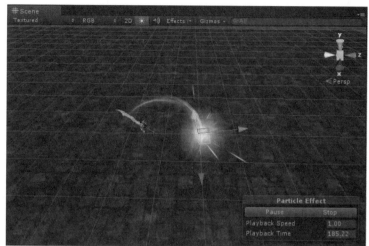

图 5-102 场景视图

16 在游戏模式下查看效果，如图 5-103~图 5-105 所示。

图 5-103 游戏视图（1）

图 5-104 游戏视图（2）

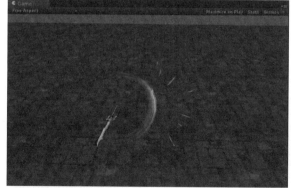

图 5-105 游戏视图（3）

提示

刀光的旋转遇到旋转快慢时，可根据旋转节奏调节，例如：动画速度开始很快，然后瞬间变慢（武器挥动旋转动画）；这里我们就要使用旋转曲线来调节旋转快慢节奏，如由快到慢，如图 5-106 所示。

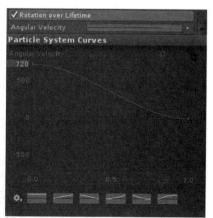

图 5-106 速度曲线

第 **6** 章

深入学习粒子系统

6.1 实例：受击特效案例讲解

受击特效是指击中效果。受击特效具有通用性，普通攻击即使用通用受击特效，如普通攻击的刀砍受击效果等。受击特效大多为随机圆形光线四射，还有纯几道光线类型；技能受击特效各有不同，如魔法攻击的受击特效是根据技能整体来设计的，需要统一施法，需要设置弹道和受击等属性和色彩。下面我们就来设计通用性受击特效。

01 创建一个 GameObject 空对象，命名为 fx_shouji_6.1（自定义名称），位置归零。

02 首先创建一个地面参考面片模型，然后创建一个赋予枪贴图的 Materials（材质球），再创建一个 Directional light 灯光。

03 创建一个 Particle System（粒子系统），修改命名为 fx_baodianguang_01（自定义），粒子系统属性参数设置如图 6-1 和图 6-2 所示。

图 6-1 粒子系统属性（1）

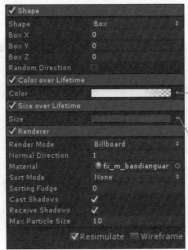

图 6-2 粒子系统属性（2）

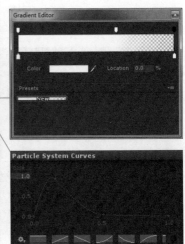

04 创建一个材质球，命名为 fx_m_baodianguang_01，将赋予材质的材质球赋予 fx_baodianguang_01（粒子系统），如图 6-3~ 图 6-5 所示。

图 6-3 贴图

图 6-4 赋予贴图

图 6-5 场景视图

05 创建一个 Particle System（粒子系统），修改命名为 fx_guangdian_01（自定义），粒子系统属性参数设置如图 6-6 和图 6-7 所示。

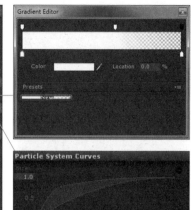

图 6-6 粒子系统属性（1）　　　　　图 6-7 粒子系统属性（2）

06 创建一个材质球，命名为 fx_m_guangdian_01，将赋予材质的材质球赋予 fx_guangdian_01（粒子系统），如图 6-8~图 6-10 所示。

图 6-8 贴图　　　　　图 6-9 赋予贴图　　　　　图 6-10 场景视图

07 创建一个 Particle System（粒子系统），修改命名为 fx_baoguang_01（自定义），粒子系统属性参数设置如图 6-11 和图 6-12 所示。

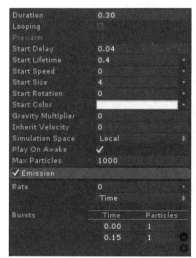
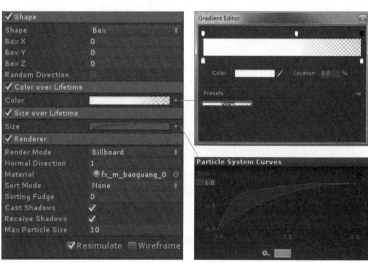

图 6-11 粒子系统属性（1）　　　　　图 6-12 粒子系统属性（2）

08 创建一个材质球，命名为 fx_m_baoguang_01，将赋予材质的材质球赋予 fx_baoguang_01（粒子系统），如图 6-13~图 6-15 所示。

图 6-13 贴图

图 6-14 赋予贴图

图 6-15 场景视图

09 创建一个 Particle System（粒子系统），修改命名为 fx_guangquan_01（自定义），粒子系统属性参数设置如图 6-16 和图 6-17 所示。

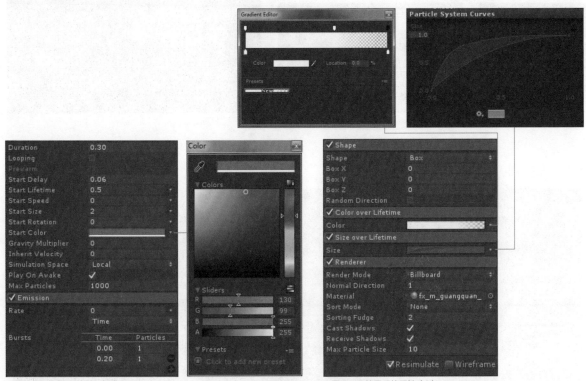

图 6-16 粒子系统属性（1）　　　　　　　　　　　　图 6-17 粒子系统属性（2）

10 创建一个材质球，命名为 fx_m_guangquan_01，将赋予材质的材质球赋予 fx_guangquan_01（粒子系统），如图 6-18~ 图 6-20 所示。

图 6-18 贴图

图 6-20 场景视图

图 6-19 赋予贴图

11 创建一个 Particle System（粒子系统），修改命名为 fx_line_01（自定义），粒子系统属性参数设置如图 6-21 和图 6-22 所示。

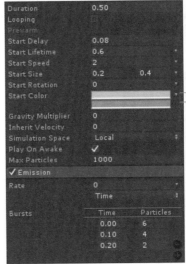

图 6-21 粒子系统属性（1）

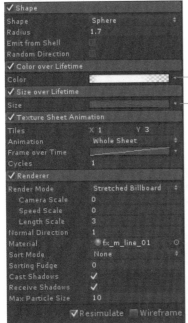

图 6-22 粒子系统属性（2）

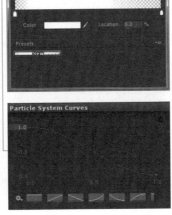

12 创建一个材质球，命名为 fx_m_xianguang_01，将赋予材质的材质球赋予 fx_xianguang_01（粒子系统），如图 6-23~图 6-25 所示。

图 6-23 影格贴图

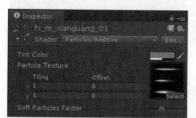
图 6-24 赋予贴图

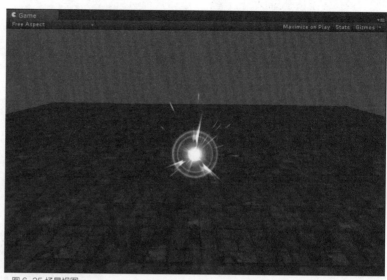
图 6-25 场景视图

13 创建一个 Particle System（粒子系统），修改命名为 fx_xingdian_01（自定义），粒子系统属性参数设置如图 6-26 和图 6-27 所示。

图 6-26 粒子系统属性（1）　图 6-27 粒子系统属性（2）

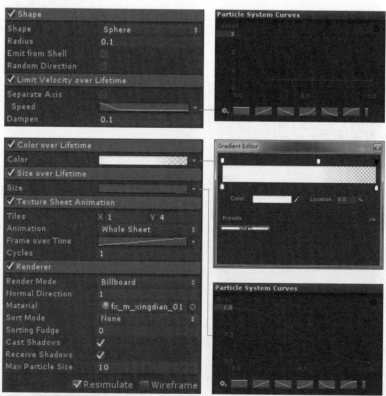

14 创建一个材质球，命名为 fx_m_xingdian_01，将赋予材质的材质球赋予 fx_xingdian_01（粒子系统），如图 6-28~ 图 6-30 所示。

图 6-28 影格贴图

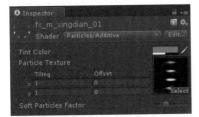

图 6-29 赋予贴图

图 6-30 游戏视图

15 在游戏模式下查看效果，如图 6-31~ 图 6-33 所示。

图 6-31 游戏视图（1）

图 6-32 游戏视图（2）

图 6-33 游戏视图（3）

6.2 实例：飞行弹道特效案例讲解

弹道及飞行类特效。游戏中弹道使用者多为魔法师和弓箭手等相关职业，如弓箭射出的箭头就是弹道，即飞行特效。在游戏中，弹道飞行的动画不需要美术来制作，是由程序来实现的。这种飞行弹道是由 2 个点来确定的，即 2 个动点之间的距离需要距离判定，由于弹道飞行的过程点和点的距离是个变量，美术是无法实现，但是为了查看飞行效果，可以在制作的时候手动移动来观察效果，以达到飞行时的视觉冲击感。提交弹道特效要保证特效的根节点位置在世界坐标中心点。下面我们就来制作一个弓箭的飞行弹道效果。

01 创建一个 GameObject 空对象，命名为 fx_feixingdan dao_6.2（自定义名称），位置归零。

02 首先创建一个地面参考面片模型，然后创建一个赋予枪贴图的 Materials（材质球），再创建一个 Directional light 灯光。

03 创建一个 Particle System（粒子系统），修改命名为 fx_jiantou_01（自定义），粒子系统属性参数设置如图 6-34 和图 6-35 所示。

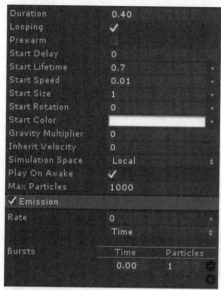

图 6-34 粒子系统属性（1）

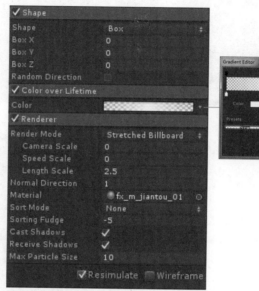

图 6-35 粒子系统属性（2）

04 然后创建一个材质球，命名为 fx_m_jiantou_01，将赋予贴图的材质球赋予 fx_jiantou_01（粒子系统），如图 6-36~ 图 6-38 所示。

图 6-36 贴图

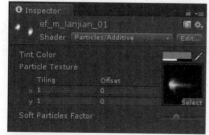

图 6-37 赋予贴图

图 6-38 游戏视图

05 创建一个 Particle System（粒子系统），修改命名为 fx_ciguang_01（自定义），粒子系统属性参数设置如图 6-39 和图 6-40 所示。

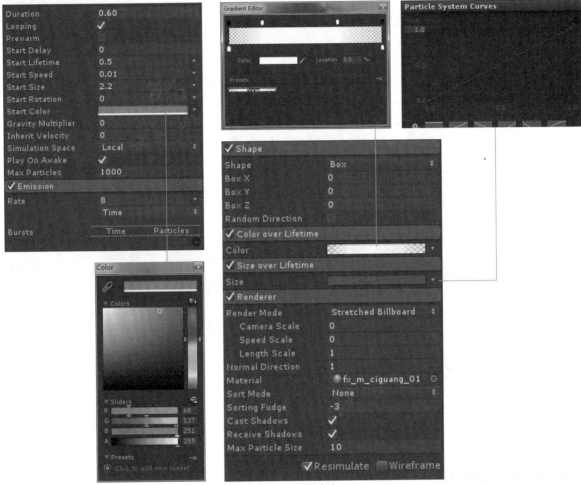

图 6-39 粒子系统属性（1）

图 6-40 粒子系统属性（2）

06 然后创建一个材质球，命名为 fx_m_ciguang _01，将赋予贴图的材质球赋予 fx_ciguang_01（粒子系统），如图 6-41~ 图 6-43 所示。

图6-41 贴图

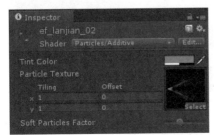

图6-42 赋予贴图

图6-43 游戏视图

07 创建一个 Particle System（粒子系统），修改命名为 fx_xingdian_01（自定义），粒子系统属性参数设置如图 6-44 和图 6-45 所示。

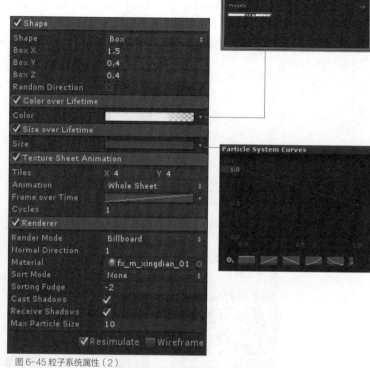

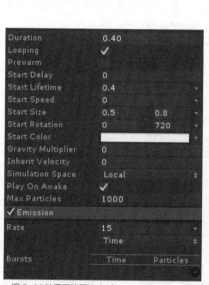

图 6-44 粒子系统属性（1）

图 6-45 粒子系统属性（2）

08 然后创建一个材质球，命名为 fx_m_xingdian_01，将赋予贴图的材质球赋予 fx_xingdian_01（粒子系统），如图 6-46~ 图 6-48 所示。

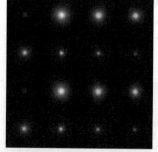

图 6-46 影格贴图

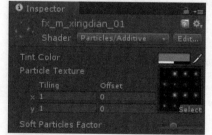

图 6-47 赋予贴图

图 6-48 游戏视图

09 创建一个 Particle System（粒子系统），修改命名为 fx_yunguang_01（自定义），粒子系统属性参数设置如图 6-49 和图 6-50 所示。

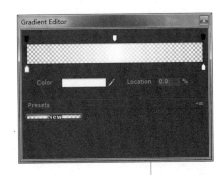

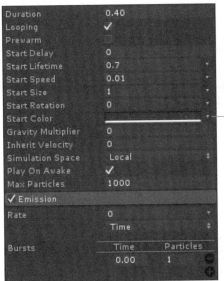

图 6-49 粒子系统属性（1）

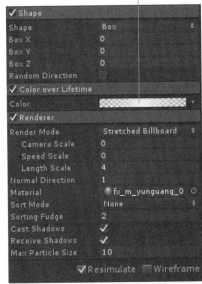

图 6-50 粒子系统属性

10 然后创建一个材质球，命名为 fx_m_yunguang_ 01，将赋予贴图的材质球赋予 fx_yunguang_01（粒子系统），如图 6-51~ 图 6-53 所示。

图 6-51 贴图

图 6-52 赋予贴图

图 6-53 游戏视图

11 创建一个 Particle System（粒子系统），修改命名为 fx_touweixingdian_01（自定义），粒子系统属性参数设置如图 6-54 和图 6-55 所示。

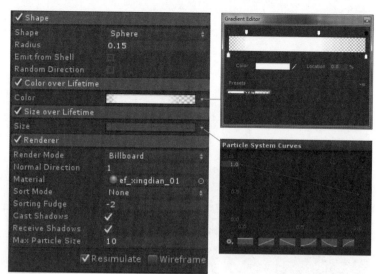

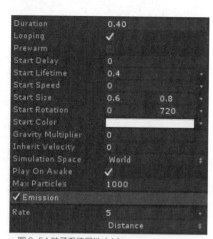

图 6-54 粒子系统属性（1）

图 6-55 粒子系统属性（2）

12 然后创建一个材质球，命名为 fx_m_touweixingdian_01，将赋予贴图的材质球赋予 fx_touweixingdian_01（粒子系统），如图 6-56~图 6-58 所示。

图 6-56 贴图

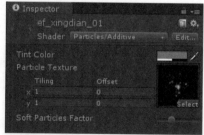

图 6-57 赋予贴图

图 6-58 游戏视图

提示

Unity粒子在模拟的时候，会有Local（相对坐标）和World（世界坐标），若选择World模式，粒子在其本身或它的高层级节点产生位移的时候会发生粒子拖尾。要注意的是，弹道粒子拖尾效果一般不需要速度；在Emission（发射）中选择Distance模式，粒子拖尾效果就会密集，读者朋友可以根据需要选择使用，如图6-59所示。

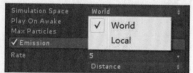

图 6-59 粒子系统坐标属性

13 创建一个 GameObject 空对象，命名为 fx_touweiguang dai_01（自定义名称），位置匹配箭头位置（根据头尾效果来调试位置）。

14 首先选择菜单栏 Component → Effects → Trail Renderer(拖尾渲染器），Trail Renderer 属性参数设置如图 6-60 和图 6-61 所示。

图 6-60 菜单窗口

图 6-61 TrailRender er(拖尾渲染器)

15 然后创建一个材质球，命名为 fx_m_touweiguangdai_01，将赋予贴图的材质球赋予 fx_touweiguangdai_01，如图 6-62 所示。

16 在游戏模式下，在视窗中左右拖动 fx_feixingdandao_6.2（根控制节点）查看效果，如图 6-63 和图 6-64 所示。

图 6-63 游戏视图（1）

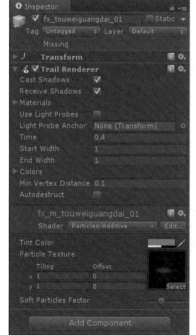

图 6-62 Trail Render er(拖尾渲染器) 赋予材质

图 6-64 游戏视图（2）

提示

飞行弹道拖尾轨迹是在游戏中程序调用飞行距离实现拖尾效果的，因此，在制作特效的时候要注意，不需要做轨迹或位移等动画，只需要设置弹道特效坐标为（X：0，Y：0；Z：0）即可。

6.3 实例：UI 特效案例讲解

UI 特效是指在 UI 的形状之上增加的一种视觉效果，可以起到提示作用，如获得装备、强化装备、合成材料、粉碎装备、增加属性、升级物品等。UI 特效可作为提示玩家做完某种操作的反馈，使得玩家知道某种操作完成。如技能 CD 特效，当技能 CD 刚好完成时，就会播放一个 UI 特效，提示玩家此技能可以使用了，等等。下面来制作一个物品提示的简单 UI 特效。

01 首先找一张 UI 游戏界面，针对 UI 物品或装备做一个提示效果；然后运行 3ds Max 软件，创建一个面片模型，并赋予 UI 示意图，如图 6-65 所示。

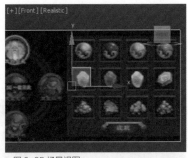

图 6-65 场景视图

02 选择 (Shaps) 菜单，单击 Line 线工具，根据 UI 的边框创建出曲线形状；并对其曲线进行编辑，如图 6-66 和图 6-67 所示。

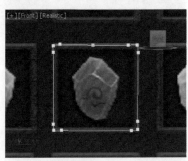

图 6-66 曲线编辑形状（1）

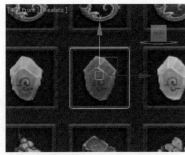

图 6-67 曲线编辑形状（2）

03 创建一个柱体，将其分段数增加足够，如图 6-68 所示。

图 6-68 场景视图

04 选择一个材质球，并赋予柱体材质，如图 6-69 和图 6-70 所示。

图 6-69 贴图

图 6-70 场景视图

05 首先将赋予了贴图的柱体复制一个出来，然后选择一个柱体，再选择修改命令，在展开的修改器中选择 "Path Deform"，如图 6-71 所示。

06 单击 Pick Path 拾取曲线，然后单击 Move to Path ，将参数 Percent 设置为 100；将时间帧拖动至 30 帧，开启动画关键帧，再将 Percent 设置为 0；并在动画曲线面板中将曲线设置为直线，并设置为循环函数，如图 6-72~ 图 6-77 所示。

图 6-71 Path Deform 属性（1）

图 6-72 Path Deform 属性（2）

图 6-73 Path Deform 属性（3）

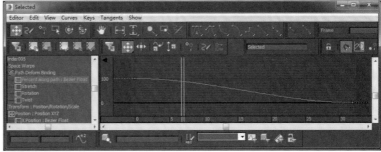

图 6-74 动画曲线编辑器（1）

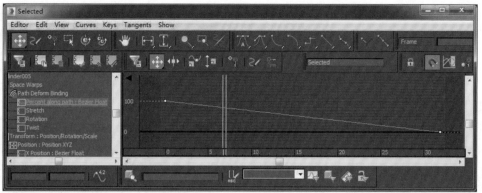

图 6-75 动画曲线编辑器（2）

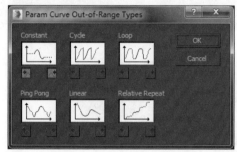

图 6-76 动画模式

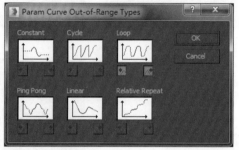

图 6-77 动画模式选择

07 同理，将另一个柱体使用 Path Deform，设置初始参数 Percent 为 50；将时间帧拖动至 30 帧，开启动画关键帧，再将 Percent 设置为 -50，并在动画曲线面板中将曲线设置为直线，并加循环函数。

08 动画设置完成之后，将其渲染出来，渲染出 32 序列图素。

09 首先打开 AE 软件，然后创建一个项目工程，如图 6-78 所示。

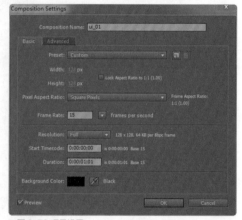

图 6-78 项目设置

提示

帧数设置为15，将3ds Max的32张图导入之后，调好再输出刚好为16张序列图素，可以满足4×4影格图素，这样可以方便地做出线性循环效果。

10 导入做好的图素，并将黑色底抠掉，在 Effect（效果）中添加 Glow 特效，可根据效果调试，如图 6-79 所示。

11 首先打开 PS 软件，然后新建一个画布，命名为 ui_line_01，像素为 512×512，如图 6-80 所示。

12 将 AE 调好的序列图素按上部从左至右依次往下排布，如图 6-81 所示。

13 将做好的影格图素（Alpha 带通道）导入 Unity 项目工程。

14 在 3ds Max 中创建一个面片，命名为：ui_line_01，赋予参考 UI 界面图，导入面片模型至 Unity 项目工程。

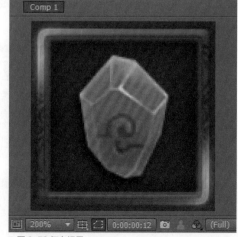

图 6-79 舞台场景

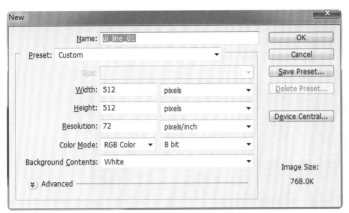

图 6-80 新建场景设置

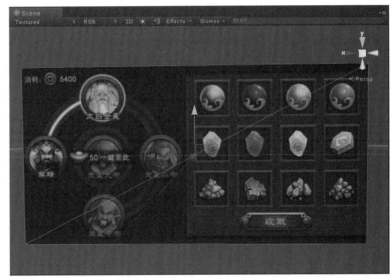

图 6-81 贴图效果

15 创建一个 GameObject 空对象，命名为 fx_ui_6.3（自定义名称），位置归零；将 ui_line_01 模型拖至 Hierarchy 视窗中，如图 6-82 所示。

提示

将 ui_line_01（UI界面）导入作为参考调节之用，完成就可以删除掉。

图 6-82 场景视图

16 首先创建一个 Particle System（粒子系统），修改命名为 fx_ui_01（自定义），将 fx_ui_01 设置为 fx_ui_6.3 子物体；粒子系统属性参数设置如图 6-83 和图 6-84 所示。

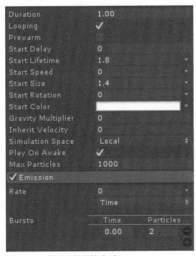

图 6-83 粒子系统属性（1）

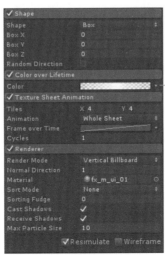

图 6-84 粒子系统属性（2）

17 创建一个材质球，命名为 fx_m_ui_01，并赋予贴图，然后将赋予了材质的材质球赋予 fx_ui_01（粒子系统），如图 6-85 和图 6-86 所示。

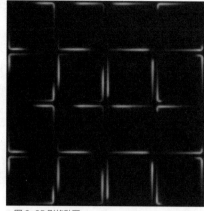

图 6-85 影格贴图

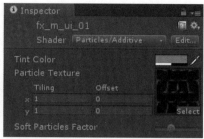

图 6-86 赋予贴图

18 查看效果，如图 6-87 所示。

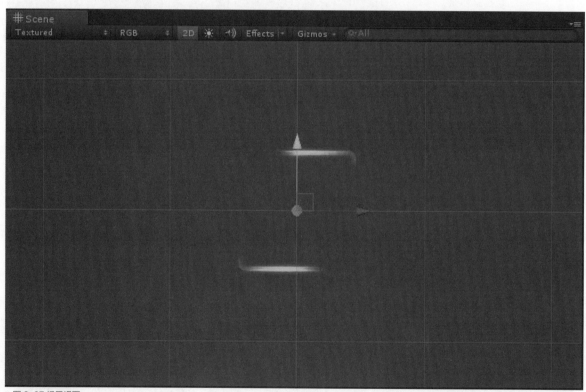

图 6-87 场景视图

第 **7** 章

物理攻击特效案例

7.1 实例：旋风斩特效案例讲解

旋风斩是指使用武器旋转攻击，属于范围攻击类技能。该技能特效可通过配个武器做旋转刀光来实现，但是和刀光不同，它是一个快速旋转并且只是匹配一个圆形区域的特效，刀光是配合武器挥动的轨迹，读者朋友可以结合刀光和旋风的思路来设计。下面我们就来制作旋风斩技能特效。

01 创建一个 GameObject 空对象，命名为 fx_xuanfeng zhan_7.1（自定义名称），位置归零。

02 首先创建一个地面参考面片模型，然后创建一个 Materials（材质球）并赋予贴图，再创建一个 Directional light 灯光。

03 导入动画模型，如图 7-1 所示。

04 创建一个 Particle System（粒子系统），修改命名为 fx_xuangguang_01（自定义），粒子系统属性参数设置如图 7-2 和图 7-3 所示。

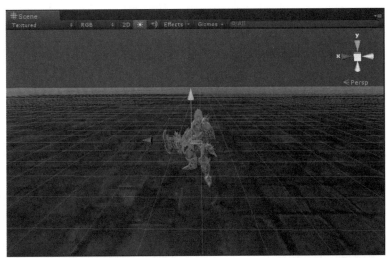

图 7-1 场景视图

图 7-2 粒子系统属性（1）

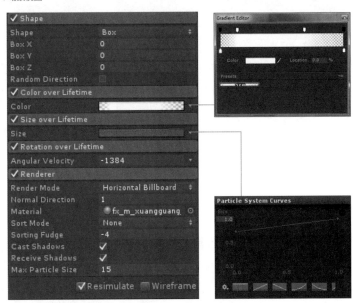

图 7-3 粒子系统属性（2）

05 创建一个材质球，命名为 fx_m_xuangguang_01，将赋予贴图的材质球赋予 fx_xuangguang_01（粒子系统），如图 7-4~ 图 7-6 所示。

图 7-4 贴图

图 7-5 赋予贴图

图 7-6 场景视图

06 创建一个 Particle System（粒子系统），修改命名为 fx_xuangguang_02（自定义），粒子系统属性参数设置如图 7-7 和图 7-8 所示。

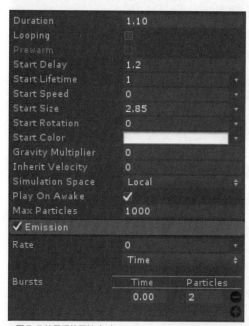

图 7-7 粒子系统属性（1）

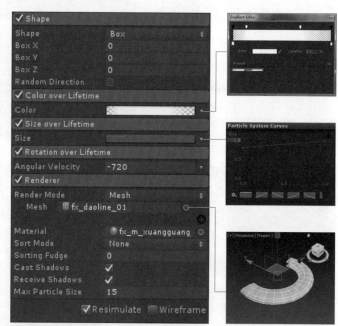

图 7-8 粒子系统属性（2）

07 创建一个材质球，命名为 fx_m_xuangguang _02，将赋予贴图的材质球赋予 fx_xuangguang_02（粒子系统），如图 7-9~ 图 7-11 所示。

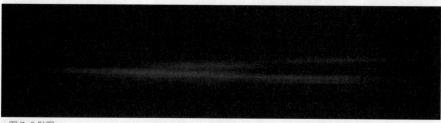

图 7-9 贴图

图 7-10 赋予贴图

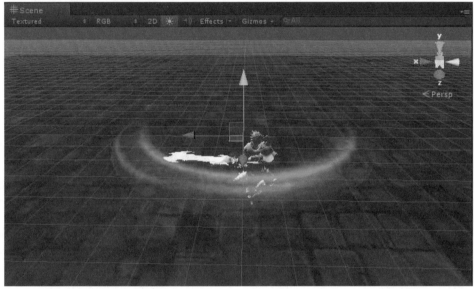

图 7-11 场景视图

08 创建一个 Particle System（粒子系统），修改命名为 fx_xuangguang_03（自定义），粒子系统属性参数设置如图 7-12 和图 7-13 所示。

图 7-12 粒子系统属性（1）

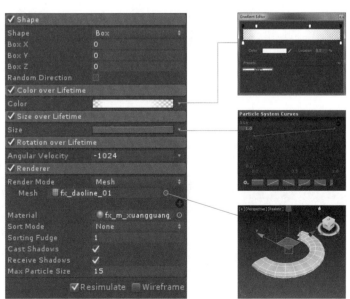

图 7-13 粒子系统属性（2）

09 创建一个材质球，命名为 fx_m_xuangguang_03，将赋予贴图的材质球赋予 fx_xuangguang_03（粒子系统），如图 7-14~ 图 7-16 所示。

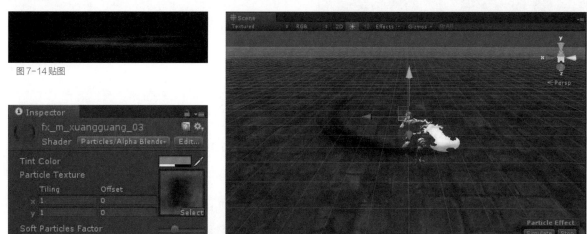

图7-14 贴图

图7-15 赋予贴图

图7-16 场景视图

10 创建一个 Particle System（粒子系统），修改命名为 fx_xuangguang_03（自定义），粒子系统属性参数设置如图 7-17 和图 7-18 所示。

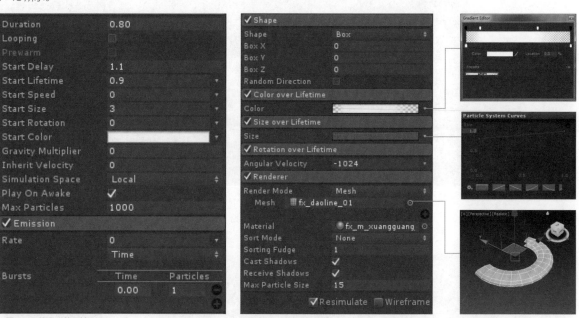

图7-17 粒子系统属性

图7-18 粒子系统属性

11 创建一个材质球，命名为 fx_m_xuang guang _04，将赋予贴图的材质球赋予 fx_xuangg uang_04（粒子系统），如图 7-19~ 图 7-21 所示。

图7-19 贴图

图 7-20 赋予贴图

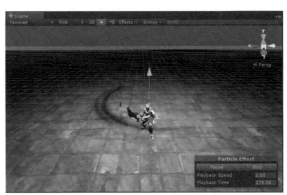

图 7-21 场景贴图

提示

黑色贴图是填充黑色，具有带Alpha的贴图，利用Alpha辉光，可以展现出灰色或黑色光效，如图7-22所示。

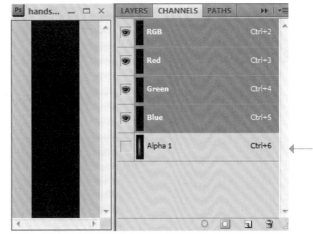

图 7-22 展现出灰色或黑色光效

12 创建一个 Particle System（粒子系统），修改命名为 fx_xuangguang_05（自定义），粒子系统属性参数设置如图 7-23 和图 7-24 所示。

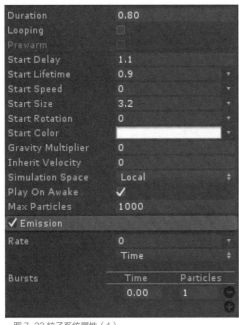

图 7-23 粒子系统属性（1）

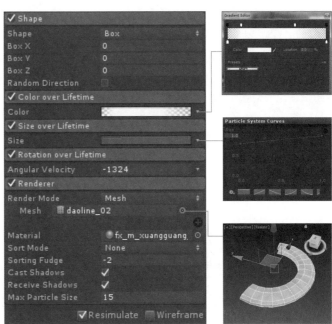

图 7-24 粒子系统属性（2）

13 创建一个材质球，命名为 fx_m_xuang guang_04，将赋予贴图的材质球赋予 fx_xuanguang_04（粒子系统），如图 7-25~ 图 7-27 所示。

图 7-25 贴图

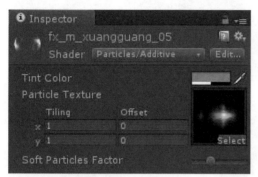

图 7-26 赋予贴图

图 7-27 场景贴图

14 创建一个 Particle System（粒子系统），修改命名为 fx_lansexuanguang_01（自定义），粒子系统属性参数设置如图 7-28 和图 7-29 所示。

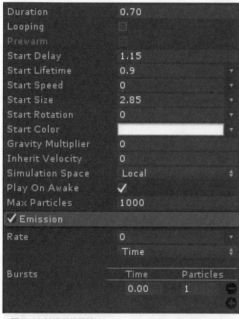

图 7-28 粒子系统属性

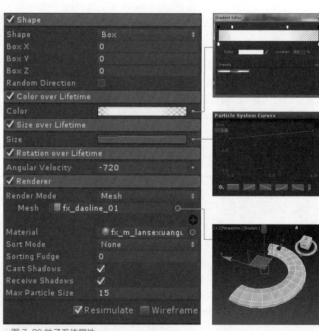

图 7-29 粒子系统属性

15 创建一个材质球，命名为 fx_m_lansexuangua ng_01，将赋予贴图的材质球赋予 fx_lansexuanguang_01（粒子系统），如图 7-30~ 图 7-32 所示。

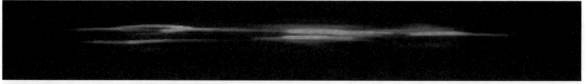

图 7-30 贴图

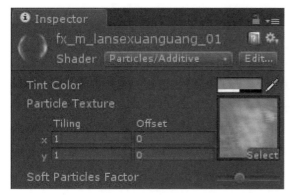

图 7-31 赋予贴图

图 7-32 场景贴图

16 创建一个 Particle System（粒子系统），修改命名为 fx_redxuangguang_01（自定义），粒子系统属性参数设置如图 7-33 和
图 7-34 所示。

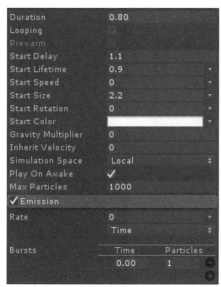

图 7-33 粒子系统属性（1）

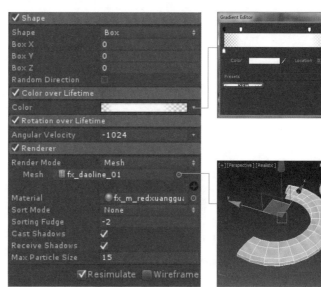

图 7-34 粒子系统属性（2）

17 创建一个材质球，命名为 fx_m_red xuangguang_01，将赋予贴图的材质球赋予 fx_redxuangguang_01（粒子系统），如图 7-35~ 图 7-37 所示。

图 7-35 贴图

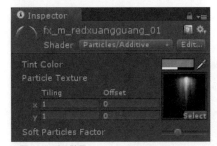

图 7-36 赋予贴图

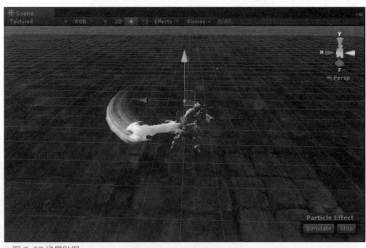

图 7-37 场景贴图

18 创建一个 Particle System（粒子系统），修改命名为 fx_diansi_01（自定义），粒子系统属性参数设置如图 7-38 和图 7-39 所示。

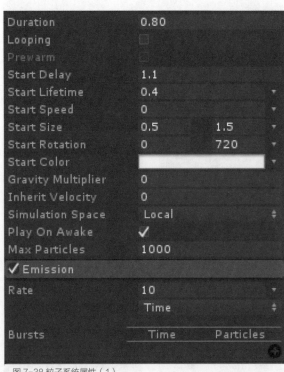

图 7-38 粒子系统属性（1）

图 7-39 粒子系统属性（2）

19 创建一个材质球，命名为 fx_m_diansi_01，将赋予贴图的材质球赋予 fx_diansi_01（粒子系统），如图 7-40~ 图 7-42 所示。

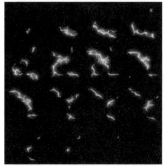

图 7-40 影格贴图

图 7-41 赋予贴图

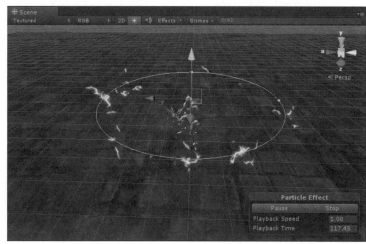

图 7-42 场景视图

20 创建一个 Particle System（粒子系统），修改命名为 fx_dilie_01（自定义），粒子系统属性参数设置如图 7-43 和图 7-44 所示。

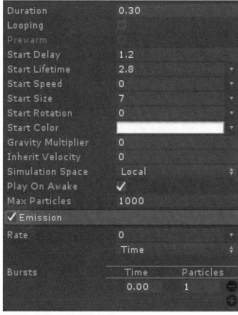

图 7-43 粒子系统属性（1）

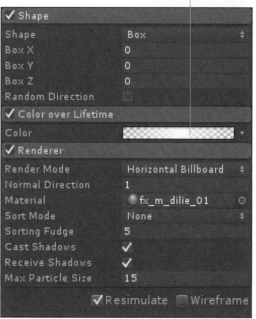

图 7-44 粒子系统属性（2）

21 创建一个材质球，命名为 fx_m_dilie_01，将赋予贴图的材质球赋予 fx_dilie_01（粒子系统），如图 7-45~ 图 7-47 所示。

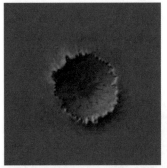

图 7-45 贴图

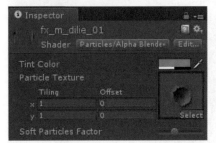

图 7-46 赋予贴图

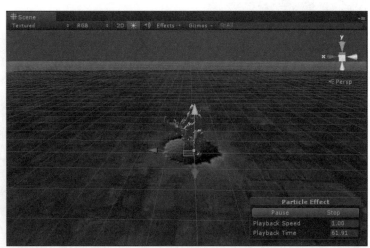

图 7-47 场景视图

22 创建一个 Particle System（粒子系统），修改命名为 fx_yancheng_01（自定义），粒子系统属性参数设置如图 7-48 和图 7-49 所示。

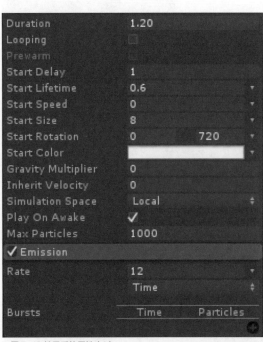

图 7-48 粒子系统属性（1）

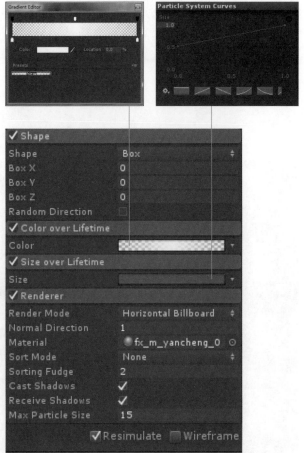

图 7-49 粒子系统属性（2）

23 创建一个材质球，命名为 fx_m_yancheng _01，将赋予贴图的材质球赋予 fx_yancheng _01（粒子系统），如图 7-50~图 7-52 所示。

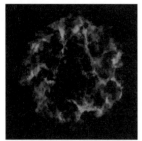

图 7-50 贴图

图 7-51 赋予贴图

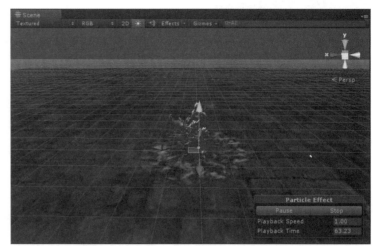

图 7-52 场景贴图

24 创建一个 Particle System（粒子系统），修改命名为 fx_yancheng_02（自定义），粒子系统属性参数设置如图 7-53 和图 7-54 所示。

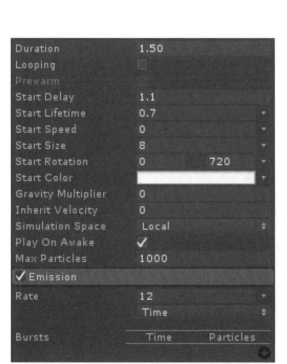

图 7-53 粒子系统属性（1）

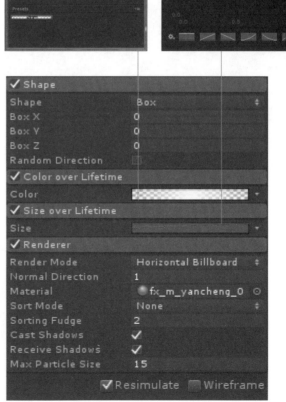

图 7-54 粒子系统属性（2）

25 创建一个材质球，命名为 fx_m_yancheng_02，将赋予贴图的材质球赋予 fx_yancheng_02（粒子系统），如图 7-55~图 7-57 所示。

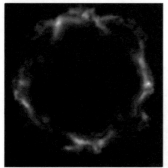

图 7-55 贴图性

图 7-56 赋予贴图

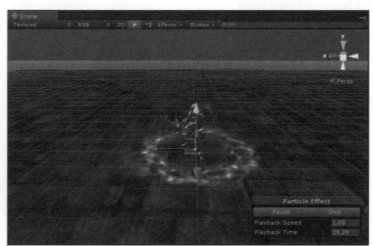

图 7-57 场景贴图

26 游戏模式查看效果，如图 7-58 和图 7-59 所示。

图 7-58 游戏视图（1）

图 7-59 游戏视图（2）

7.2 实例：3 连击特效案例讲解

连击就是一种持续击打的状态和行为。这种特效是配合动作来设计的，根据动作的行为状态来匹配相应的挥动轨迹，如冲击、跳跃、旋转、斩、刺等。下面我们来制作一个连续攻击 3 次的技能案例。

01 创建一个 GameObject 空对象，命名为 fx_sanlianji_7.2（自定义名称），位置归零。

02 首先将模型动画（可以自己找个 3 连击动作）使用 3ds Max 导出 FBX 文件（命名为 sanlianji_01），将 sanlianji_01 设置为 fx_sanlianji_7.2 子物体；然后在将 FBX 动画文件使用 Unity 导入，如图 7-60 所示。

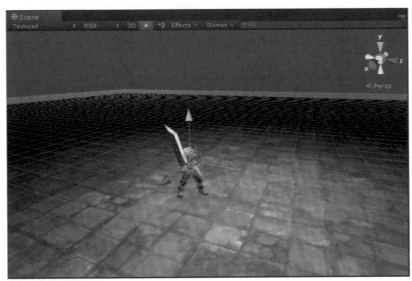

图 7-60 场景视图

03 创建一个 GameObject 空对象，命名为 fx_sanlianji_01，将 fx_sanlianji_01 设置为 fx_sanlianji_7.2 子物体。

04 首先创建一个 Particle System（粒子系统），修改命名为 fx_daoguang_01（自定义），将 fx_daoguang_01 设置为 fx_sanlianji_01 子物体；粒子系统属性参数设置如图 7-61 和图 7-62 所示。

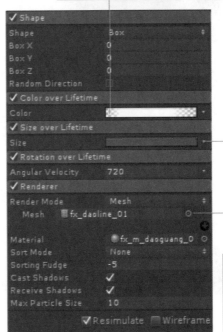

图 7-61 粒子系统属性（1）

图 7-62 粒子系统属性（2）

05 创建一个材质球，命名为 fx_m_daoguang_01，将赋予贴图的材质球赋予 fx_daoguang_01（粒子系统），如图 7-63~图 7-65 所示。

图 7-63 贴图

图 7-64 赋予贴图

图 7-65 游戏视图

06 为刀光增加补光：创建一个 Particle System（粒子系统），修改命名为 fx_dao-guangbuguang _01（自定义），粒子系统属性参数设置如图 7-66 和图 7-67 所示。

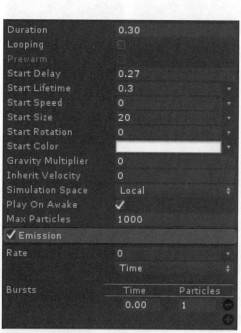

图 7-66 粒子系统属性（1）

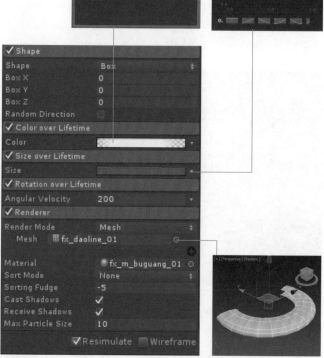

图 7-67 粒子系统属性（2）

07 创建一个材质球，命名为 fx_m_buguang _01，将赋予贴图的材质球赋予 fx_daoguang buguang_01（粒子系统），如图 7-68~ 图 7-70 所示。

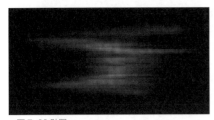

图 7-68 贴图

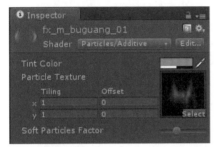

图 7-69 赋予贴图

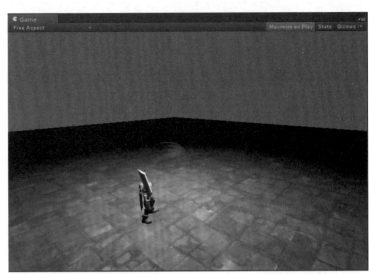

图 7-70 游戏视图

08 为刀光增加补光：创建一个 Particle System（粒子系统），修改命名为 fx_daoguang_02（自定义）；并将刀光匹配好武器挥动的轨迹。粒子系统属性参数设置如图 7-71 和图 7-72 所示。

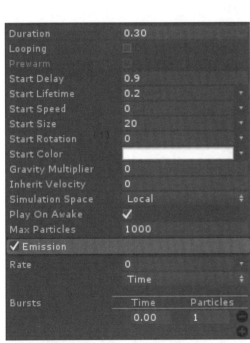

图 7-71 粒子系统属性（1）

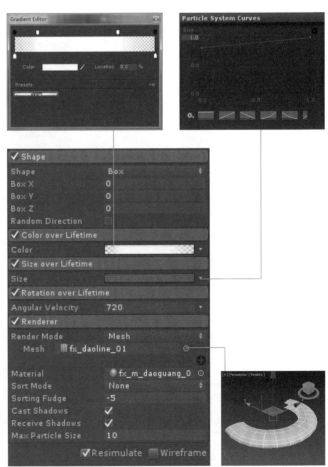

图 7-72 粒子系统属性（2）

09 选择 fx_m_daoguang_01 材质球，将赋予贴图的材质球赋予 fx_daoguang_02（粒子系统），如图 7-73 所示。

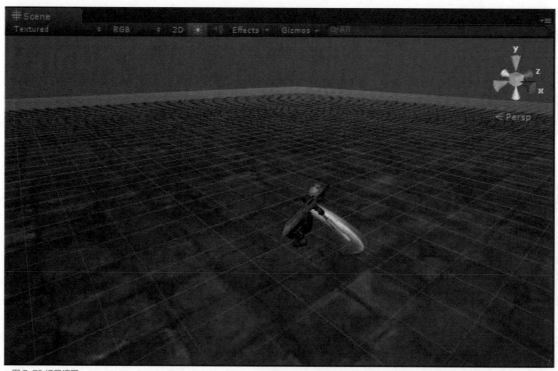

图 7-73 场景视图

10 将 fx_daoguang_02（粒子系统）复制一个，修改命名为 fx_daoguangbuguang_02，粒子系统属性参数设置如图 7-74 和图 7-75 所示。

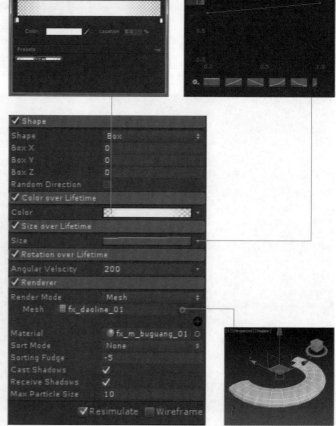

Duration	0.30
Looping	☐
Prewarm	
Start Delay	0.92
Start Lifetime	0.35
Start Speed	0
Start Size	20
Start Rotation	0
Start Color	
Gravity Multiplier	0
Inherit Velocity	0
Simulation Space	Local
Play On Awake	✓
Max Particles	1000
✓ Emission	
Rate	0
	Time
Bursts	Time	Particles
	0.00	1

图 7-74 粒子系统属性（1）

✓ Shape	
Shape	Box
Box X	0
Box Y	0
Box Z	0
Random Direction	☐
✓ Color over Lifetime	
Color	
✓ Size over Lifetime	
Size	
✓ Rotation over Lifetime	
Angular Velocity	200
✓ Renderer	
Render Mode	Mesh
Mesh	fx_daoline_01
Material	fx_m_buguang_01
Sort Mode	None
Sorting Fudge	-5
Cast Shadows	✓
Receive Shadows	✓
Max Particle Size	10
✓ Resimulate ☐ Wireframe	

图 7-75 粒子系统属性（2）

11 选择 fx_m_buguang_01 材质球，将赋予贴图的材质球赋予 fx_daoguangbuguang_02（粒子系统），如图 7- 76 所示。

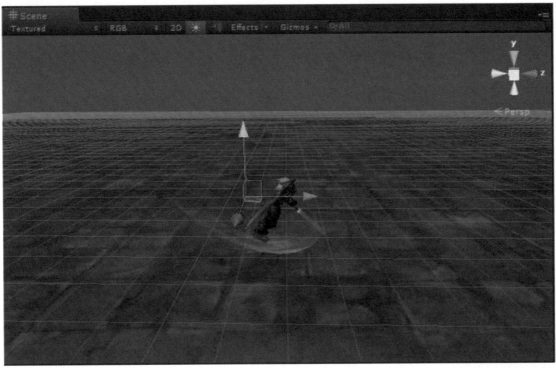

图 7-76 场景视图

12 创建一个 Particle System（粒子系统），修改命名为 fx_daoguang_03（自定义）；并将刀光匹配好武器挥动的轨迹。粒子系统属性参数设置如图 7-77 和图 7-78 所示。

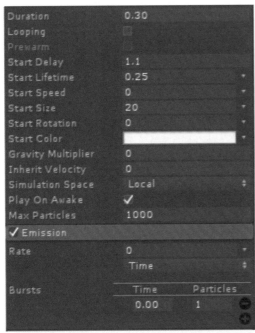

图 7-77 粒子系统属性（1）

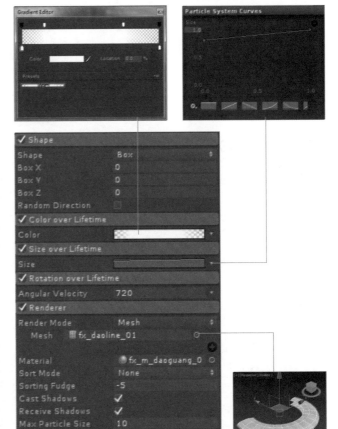

图 7-78 粒子系统属性（2）

13 选择 fx_m_daoguang_01 材质球，将赋予贴图的材质球赋予 fx_daoguang_03（粒子系统），如图 7-79 所示。

图 7-79 场景视图

14 将 fx_daoguang_03（粒子系统）复制一个，修改命名为 fx_daoguangbuguang_03，粒子系统属性参数设置如图 7-80 和图 7-81 所示。

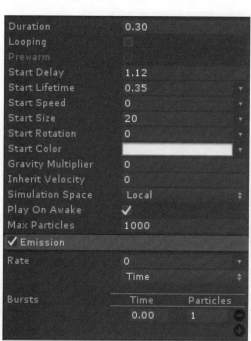

图 7-80 粒子系统属性（1）

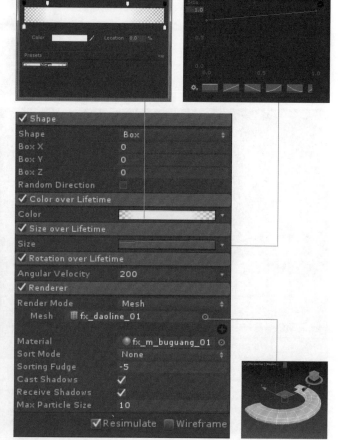

图 7-81 粒子系统属性（2）

15 选择 fx_m_buguang_01 材质球，将赋予贴图的材质球赋予 fx_daoguangbuguang_03（粒子系统），如图 7- 82 所示。

图 7-82 场景视图

16 创建一个 Particle System（粒子系统），修改命名为 fx_daoguang_04（自定义）；并将刀光匹配好武器挥动的轨迹。粒子系统属性参数设置如图 7-83 和图 7-84 所示。

图 7-83 粒子系统属性（1）

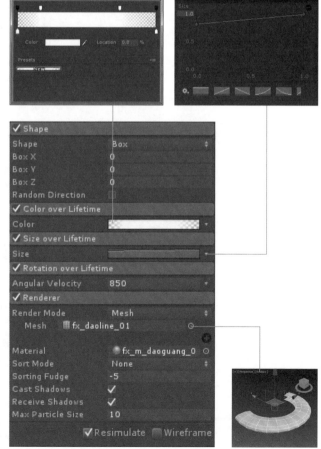

图 7-84 粒子系统属性（2）

17 选择 fx_m_daoguang_01 材质球，将赋予贴图的材质球赋予 fx_daoguang_04（粒子系统），如图 7-85 所示。

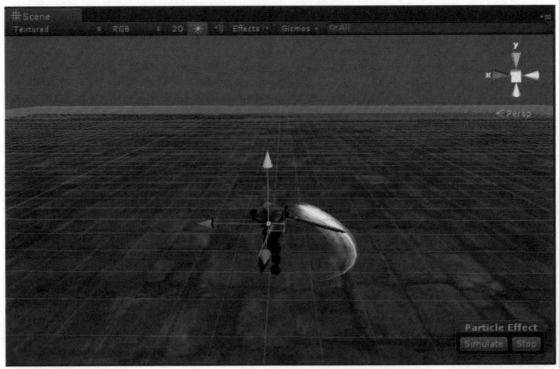

图 7-85 场景视图

18 将 fx_daoguang_04（粒子系统）复制一个，修改命名为 fx_daoguangbuguang_04，粒子系统属性参数设置如图 7-86 和图 7-87 所示。

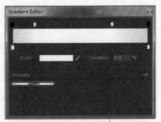

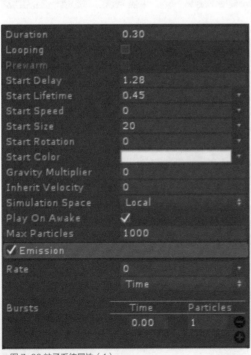

图 7-86 粒子系统属性（1）

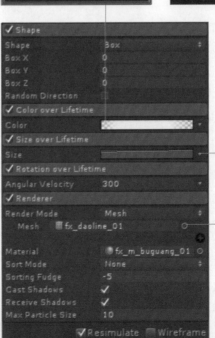

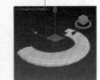

图 7-87 粒子系统属性（2）

19 选择 fx_m_buguang_01 材质球，将赋予贴图的材质球赋予 fx_daoguangbuguang_04（粒子系统），如图 7- 88 所示。

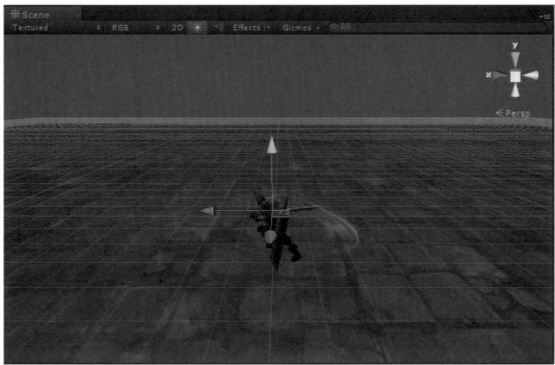

图 7-88 场景视图

20 创建一个 Particle System（粒子系统），修改命名为 fx_baoline_01（自定义），粒子系统属性参数设置如图 7-89 和图 7-90 所示。

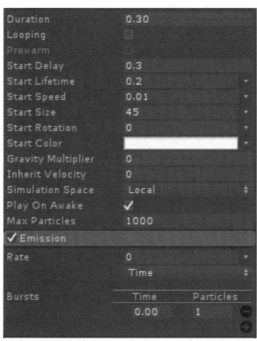

图 7-89 粒子系统属性（1）

图 7-90 粒子系统属性（2）

21 创建一个材质球，命名为 fx_m_jiguang_01，将赋予材质的材质球赋予 fx_baoline_01（粒子系统），如图 7-91~图 7-93 所示。

图 7-91 贴图

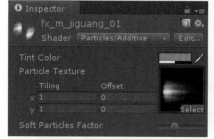
图 7-92 赋予贴图

图 7-93 游戏贴图

22 创建一个 Particle System（粒子系统），修改命名为 fx_dilie_01（自定义），粒子系统属性参数设置如图 7-94 和图 7-95 所示。

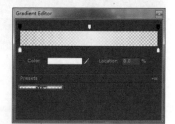

Duration	0.30
Looping	
Prewarm	
Start Delay	0.37
Start Lifetime	2.5
Start Speed	0.01
Start Size	60
Start Rotation	0
Start Color	
Gravity Multiplier	0
Inherit Velocity	0
Simulation Space	Local
Play On Awake	✓
Max Particles	1000

✓ Emission		
Rate	0	
	Time	
Bursts	Time	Particles
	0.00	1

图 7-94 粒子系统属性（1）

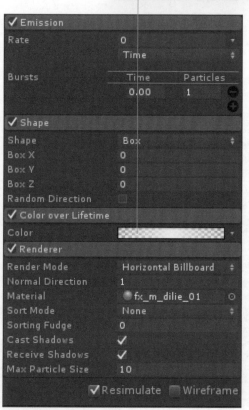
图 7-95 粒子系统属性（2）

23 创建一个材质球，命名为 fx_m_dilie_01，将赋予材质的材质球赋予 fx_dilie_01（粒子系统），如图 7-96~图 7-98 所示。

图 7-96 贴图

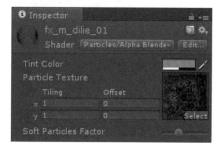

图 7-97 赋予贴图

图 7-98 游戏视图

24 创建一个 Particle System（粒子系统），修改命名为 fx_dilie_02（自定义），粒子系统属性参数设置如图 7-99 和图 7-100 所示。

Duration	0.30
Looping	☐
Prewarm	☐
Start Delay	0.37
Start Lifetime	2
Start Speed	0.01
Start Size	100
Start Rotation	0
Start Color	
Gravity Multiplier	0
Inherit Velocity	0
Simulation Space	Local
Play On Awake	✓
Max Particles	1000
✓ Emission	
Rate	0
	Time
Bursts	Time / Particles
	0.00 / 1

图 7-99 粒子系统属性（1）

✓ Shape	
Shape	Box
Box X	0
Box Y	0
Box Z	0
Random Direction	☐
✓ Color over Lifetime	
Color	
✓ Renderer	
Render Mode	Horizontal Billboard
Normal Direction	1
Material	fx_m_dilie_02
Sort Mode	None
Sorting Fudge	0
Cast Shadows	✓
Receive Shadows	✓
Max Particle Size	10
	✓ Resimulate ☐ Wireframe

图 7-100 粒子系统属性（2）

25 创建一个材质球，命名为 fx_m_dilie_02，将赋予材质的材质球赋予 fx_dilie_02（粒子系统），如图 7-101~ 图 7-103 所示。

图 7-101 贴图

图 7-102 赋予贴图

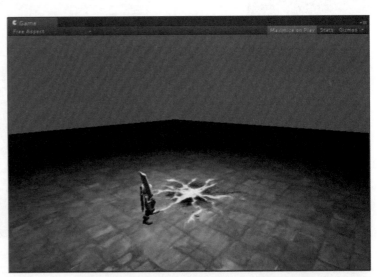

图 7-103 游戏贴图

26 创建一个 Particle System（粒子系统），修改命名为 fx_kanline_01（自定义），粒子系统属性参数设置如图 7-104 和图 7-105 所示。

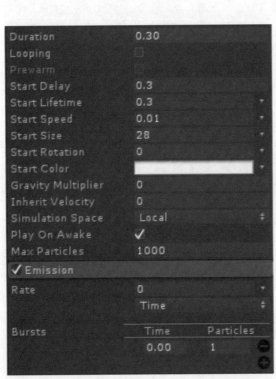

图 7-104 粒子系统属性（1）

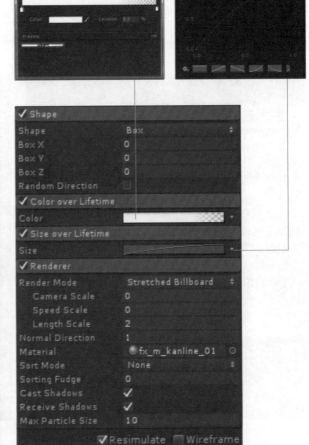

图 7-105 粒子系统属性（2）

27 创建一个材质球，命名为 fx_m_kanline_01，将赋予材质的材质球赋予 fx_kanline_01（粒子系统），如图 7-106~ 图 7-108 所示。

图 7-106 贴图

图 7-107 赋予贴图

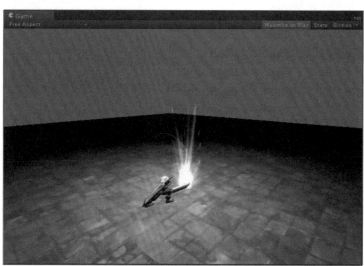

图 7-108 游戏视图

28 创建一个 Particle System（粒子系统），修改命名为 fx_kanline_02（自定义），粒子系统属性参数设置如图 7-109 和图 7-110 所示。

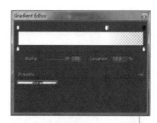

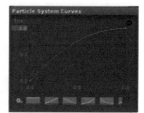

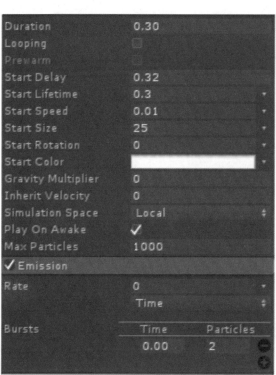

Duration	0.30
Looping	☐
Prewarm	☐
Start Delay	0.32
Start Lifetime	0.3
Start Speed	0.01
Start Size	25
Start Rotation	0
Start Color	
Gravity Multiplier	0
Inherit Velocity	0
Simulation Space	Local
Play On Awake	✓
Max Particles	1000
✓ Emission	
Rate	0
	Time
Bursts	Time Particles
	0.00 2

图 7-109 粒子系统属性（1）

✓ Shape	
Shape	Box
Box X	0
Box Y	0
Box Z	0
Random Direction	☐
✓ Color over Lifetime	
Color	
✓ Size over Lifetime	
Size	
✓ Renderer	
Render Mode	Stretched Billboard
Camera Scale	0
Speed Scale	0
Length Scale	2.5
Normal Direction	1
Material	fx_m_kanline_02
Sort Mode	None
Sorting Fudge	0
Cast Shadows	✓
Receive Shadows	✓
Max Particle Size	10
	✓Resimulate ☐Wireframe

图 7-110 粒子系统属性（2）

29 创建一个材质球，命名为 fx_m_kanline_02，将赋予材质的材质球赋予 fx_kanline_02（粒子系统），如图 7-111~ 图 7-113 所示。

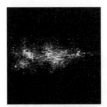

图 7-111 贴图

图 7-112 赋予贴图

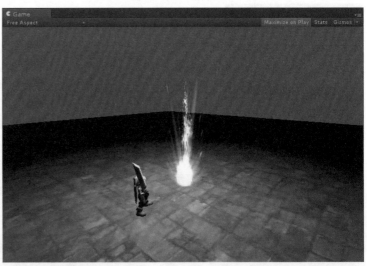

图 7-113 游戏视图

30 创建一个 Particle System（粒子系统），修改命名为 fx_kanline_02（自定义），粒子系统属性参数设置如图 7-114 和图 7-115 所示。

图 7-114 粒子系统属性（1）　　图 7-115 粒子系统属性（2）

31 创建一个材质球，命名为 fx_m_kanline_03，将赋予材质的材质球赋予 fx_kanline_03（粒子系统），如图 7-116~ 图 7-118
所示。

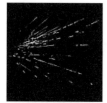

图 7-116 贴图

图 7-117 赋予贴图

图 7-118 游戏视图

32 创建一个 Particle System（粒子系统），修改命名为 fx_kanline_04（自定义），粒子系统属性参数设置如图 7-119 和图
7-120 所示。

图 7-119 粒子系统属性（1）

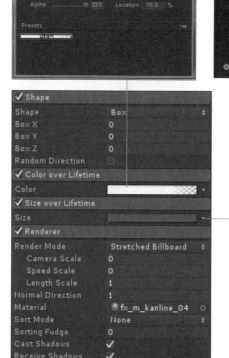

图 7-120 粒子系统属性（2）

33 创建一个材质球，命名为 fx_m_kanline_04，将赋予材质的材质球赋予 fx_kanline_04（粒子系统），如图 7-121~ 图 7-123 所示。

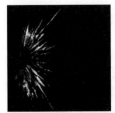

图 7-121 贴图

图 7-122 赋予贴图

图 7-123 场景视图

34 创建一个 Particle System（粒子系统），修改命名为 fx_kanlineyunguang_01（自定义），粒子系统属性参数设置如图 7-124 和图 7-125 所示。

图 7-124 粒子系统属性（1）

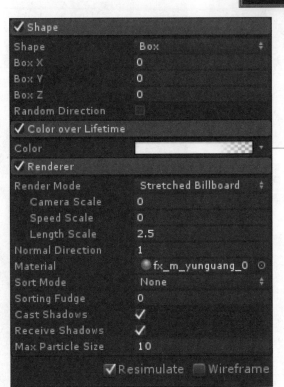

图 7-125 粒子系统属性（2）

35 创建一个材质球，命名为 fx_m_yunguang_01，将赋予材质的材质球赋予 fx_kanlineyunguang_01（粒子系统），如图 7-126~ 图 7-128 所示。

图 7-126 贴图

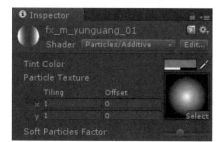

图 7-127 赋予贴图

图 7-128 场景贴图

36 创建一个 Particle System（粒子系统），修改命名为 fx_kanlineyunguang_02（自定义），粒子系统属性参数设置如图 7-129 和图 7-130 所示。

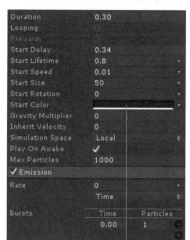

图 7-129 粒子系统属性（1）

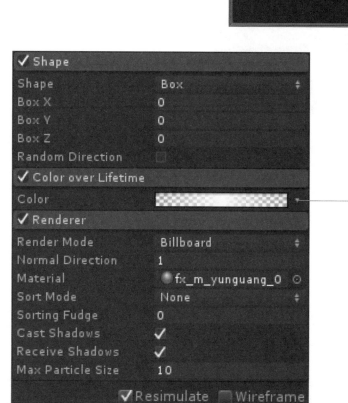

图 7-130 粒子系统属性（2）

37 选择 fx_m_yunguang_01（材质球），将赋予材质的材质球赋予 fx_kanlineyunguang_02（粒子系统），如图 7- 131 所示。

图 7-131 游戏视图

38 创建一个 Particle System（粒子系统），修改命名为 fx_kanlineyunguang_03（自定义），粒子系统属性参数设置如图 7-132 和图 7-133 所示。

图 7-132 粒子系统属性（1）　　图 7-133 粒子系统属性（2）

39 选择 fx_m_yunguang_01（材质球），将赋予材质的材质球赋予 fx_kanlineyunguang_03（粒子系统），如图 7- 134 所示。

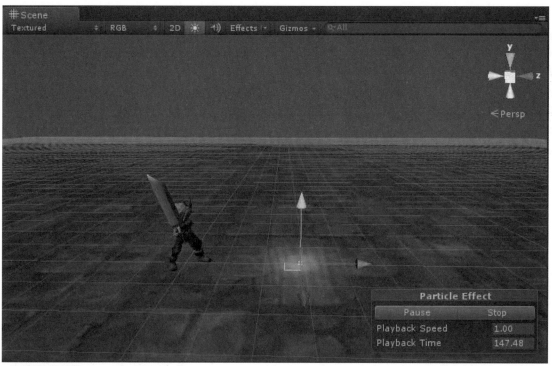

图 7-134 场景视图

40 创建一个 Particle System（粒子系统），修改命名为 fx_line_01（自定义），粒子系统属性参数设置如图 7-135 和图 7-136 所示。

图 7-135 粒子系统属性（1）　　　　　　图 7-136 粒子系统属性（2）

41 创建一个材质球，命名为fx_m_line_01，将赋予材质的材质球赋予fx_line_01（粒子系统），如图7-137和图7-138所示。

图7-137 贴图

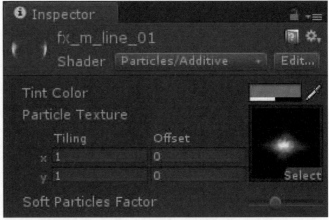

图7-138 赋予贴图

42 创建一个Particle System（粒子系统），修改命名为fx_sanguang_01（自定义），粒子系统属性参数设置如图7-139和图7-140所示。

图7-139 粒子系统属性（1）   图7-140 粒子系统属性（2）

43 创建一个材质球，命名为 fx_m_sanguang_01，将赋予材质的材质球赋予 fx_sanguang_01（粒子系统），如图 7-141~图 7-143 所示。

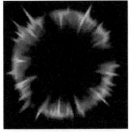

图 7-141 贴图

图 7-142 赋予贴图

图 7-143 游戏视图

44 创建一个 Particle System（粒子系统），修改命名为 fx_sanguang_02（自定义），粒子系统属性参数设置如图 7-144 和图 7-145 所示。

图 7-144 粒子系统属性（1）

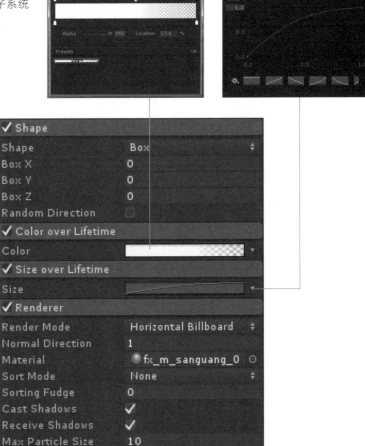

图 7-145 粒子系统属性（2）

45 创建一个材质球，命名为 fx_m_sanguang_02，将赋予材质的材质球赋予 fx_sanguang_02（粒子系统），如图 7-146~图 7-148 所示。

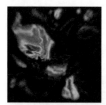
图 7-146 贴图

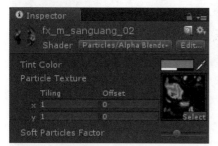
图 7-147 赋予贴图

图 7-148 游戏视图

46 创建一个 Particle System（粒子系统），修改命名为 fx_dianguang_01（自定义），粒子系统属性参数设置如图 7-149 和图 7-150 所示。

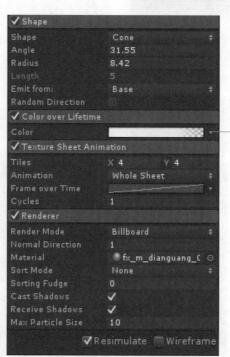

图 7-149 粒子系统属性（1）

图 7-150 粒子系统属性（2）

47 创建一个材质球，命名为 fx_m_dianguang_01，将赋予材质的材质球赋予 fx_dianguang_01（粒子系统），如图 7-151~ 图 7-153 所示。

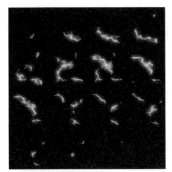

图 7-151 影格贴图

图 7-152 赋予贴图

图 7-153 游戏视图

48 首先创建一个 GameObject 空对象（作为粒子与地面碰撞的物体），命名为 fx_fantanban_01（自定义名称），位置归零。

49 创建一个 Particle System（粒子系统），修改命名为 fx_suishi_01（自定义），粒子系统属性参数设置如图 7-154 和图 7-155 所示。

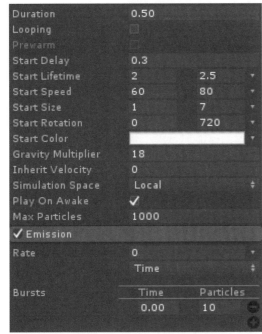

图 7-154 粒子系统属性（1）

这里单击在弹出的卷展览中，选择创建的 fx_fantanban_01（碰撞物体），使得粒子与地面碰撞反弹等。

图 7-155 粒子系统属性（2）

50 创建一个材质球，命名为 fx_m_suishi_01，将赋予材质的材质球赋予 fx_suishi _01（粒子系统），如图 7-156~ 图 7-158 所示。

图 7-156 贴图

图 7-157 赋予贴图

图 7-158 游戏视图

51 创建一个 Particle System（粒子系统），修改命名为 fx_sanyan_01（自定义），粒子系统属性参数设置如图 7-159 和图 7-160 所示。

图 7-159 粒子系统属性（1）

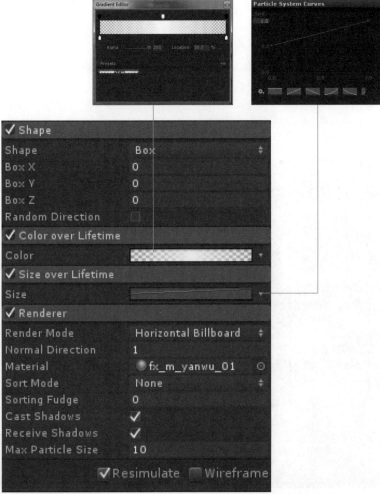

图 7-160 粒子系统属性（2）

52 创建一个材质球，命名为 fx_m_yanwu_01，将赋予材质的材质球赋予 fx_sanyan_01（粒子系统），如图 7-161~ 图 7-163 所示。

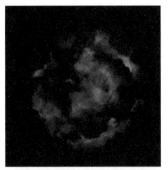

图 7-161 贴图

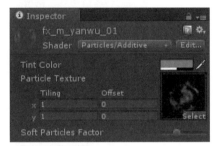

图 7-162 赋予贴图

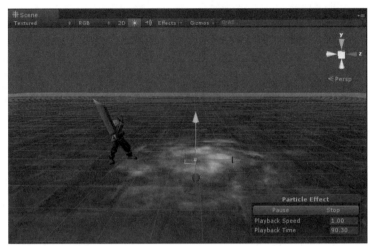

图 7-163 场景视图

53 创建一个 Particle System（粒子系统），修改命名为 fx_zhuguang_01（自定义），粒子系统属性参数设置如图 7-164 和图 7-165 所示。

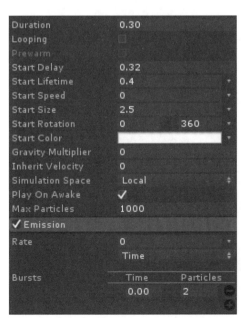

图 7-164 粒子系统属性（1）

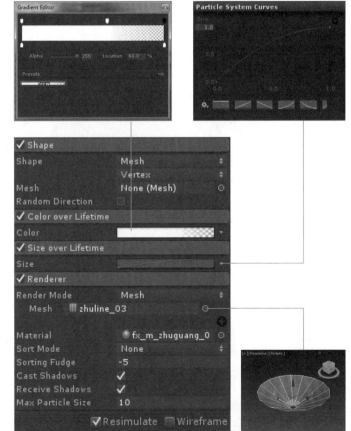

图 7-165 粒子系统属性（2）

54 创建一个材质球，命名为 fx_m_zhuguang_01，将赋予材质的材质球赋予 fx_zhuguang_01（粒子系统），如图 7-166~图 7-168 所示。

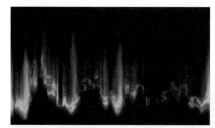

图 7-166 贴图

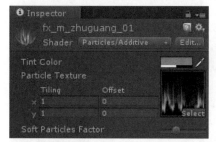

图 7-167 赋予贴图

图 7-168 游戏视图

55 创建一个 Particle System（粒子系统），修改命名为 fx_chongci_01（自定义），粒子系统属性参数设置如图 7-169 和图 7-170 所示。

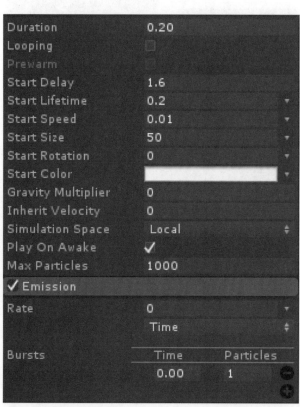

图 7-169 粒子系统属性（1）

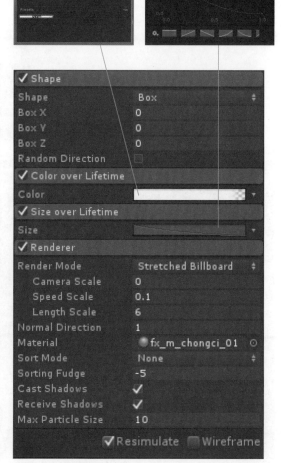

图 7-170 粒子系统属性（2）

56 创建一个材质球，命名为 fx_m_chongci_01，将赋予材质的材质球赋予 fx_chongci_01（粒子系统），如图 7-171 所示。

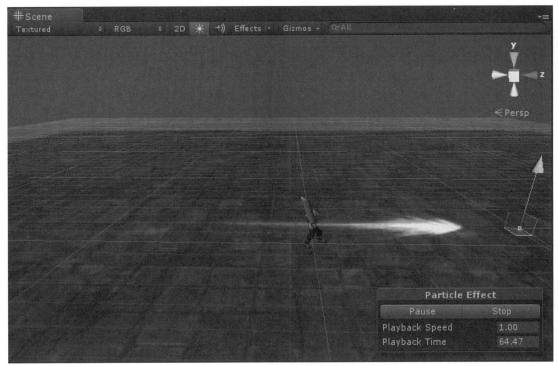

图 7-171 场景视图

57 创建一个 Particle System（粒子系统），修改命名为 fx_chongci_02（自定义），粒子系统属性参数设置如图 7-172 和图 7-173 所示。

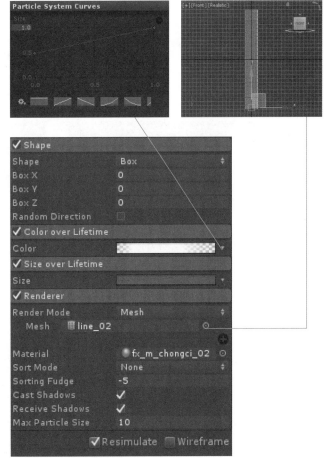

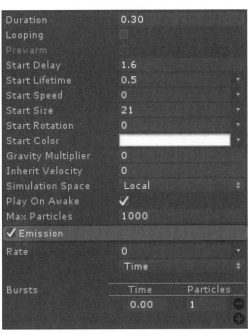

图 7-172 粒子系统属性（1）

图 7-173 粒子系统属性（2）

58 创建一个材质球，命名为 fx_m_chong ci_02，将赋予材质的材质球赋予 fx_chongci_02（粒子系统），如图 7-174~ 图 7-176 所示。

图7-174 贴图

图7-175 赋予贴图

图7-176 场景贴图

59 创建一个 Particle System（粒子系统），修改命名为 fx_baodianciguang_01（自定义），粒子系统属性参数设置如图 7-177 和图 7-178 所示。

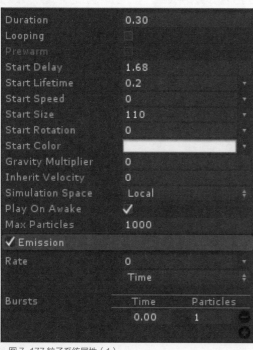

图 7-177 粒子系统属性（1）

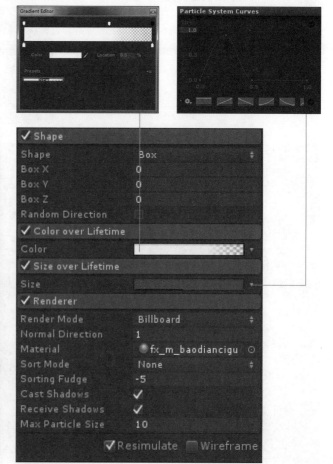

图 7-178 粒子系统属性（2）

60 创建一个材质球，命名为 fx_m_baodianciguang_01，将赋予材质的材质球赋予 fx_baodianciguang_01（粒子系统），如图 7-179~ 图 7-181 所示。

图 7-179 贴图

图 7-180 赋予贴图

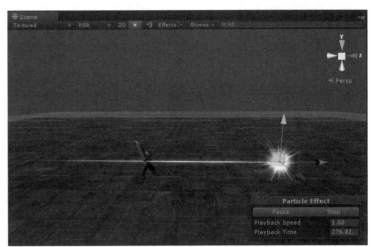

图 7-181 场景视图

61 创建一个 Particle System（粒子系统），修改命名为 fx_cijian_01（自定义），粒子系统属性参数设置如图 7-182 和图 7-183 所示。

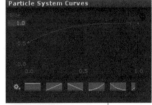

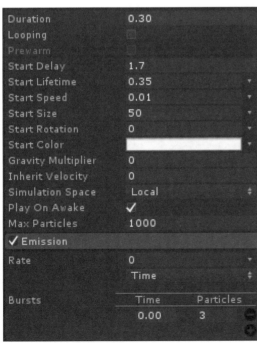

图 7-182 粒子系统属性（1）

图 7-183 粒子系统属性（2）

62 创建一个材质球，命名为 fx_m_cijian_01，将赋予材质的材质球赋予 fx_cijian_01（粒子系统），如图 7-184~ 图 7-186 所示。

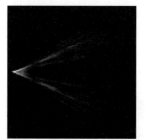

图 7-184 贴图

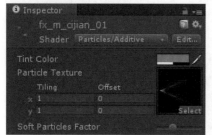

图 7-185 赋予贴图

图 7-186 场景贴图

63 创建一个 Particle System（粒子系统），修改命名为 fx_cijian_02（自定义），粒子系统属性参数设置如图 7-187 和图 7-188 所示。

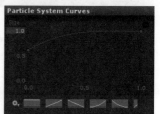

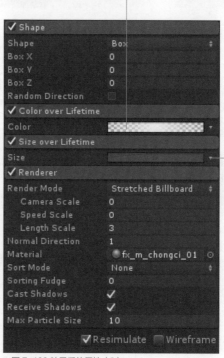

Duration	0.20
Looping	
Prewarm	
Start Delay	1.7
Start Lifetime	0.3
Start Speed	0.01
Start Size	50
Start Rotation	0
Start Color	
Gravity Multiplier	0
Inherit Velocity	0
Simulation Space	Local
Play On Awake	✓
Max Particles	1000
✓ Emission	
Rate	0
	Time
Bursts	Time	Particles
	0.00	1
	0.10	1

图 7-187 粒子系统属性（1）

✓ Shape	
Shape	Box
Box X	0
Box Y	0
Box Z	0
Random Direction	
✓ Color over Lifetime	
Color	
✓ Size over Lifetime	
Size	
✓ Renderer	
Render Mode	Stretched Billboard
Camera Scale	0
Speed Scale	0
Length Scale	3
Normal Direction	1
Material	● fx_m_chongci_01
Sort Mode	None
Sorting Fudge	0
Cast Shadows	✓
Receive Shadows	✓
Max Particle Size	10
✓ Resimulate	Wireframe

图 7-188 粒子系统属性（2）

64 首先选择 fx_m_chongci_01 材质球，将赋予材质的材质球赋予 fx_chongci_02（粒子系统），如图 7-189 所示。

图 7-189 场景贴图

65 创建一个 Particle System（粒子系统），修改命名为 fx_xuanguang_01（自定义），粒子系统属性参数设置如图 7-190 和图 7-191 所示。

图 7-190 粒子系统属性（1）

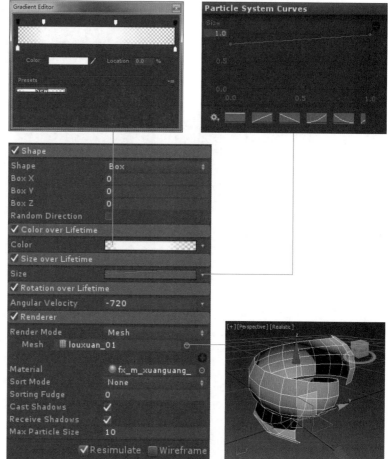

图 7-191 粒子系统属性（2）

66 创建一个材质球，命名为fx_m_xuanguang_01，将赋予材质的材质球赋予fx_xuanguang_01（粒子系统），如图7-192~图7-194所示。

图7-192 贴图

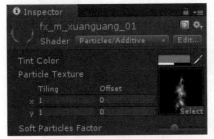
图7-193 赋予贴图

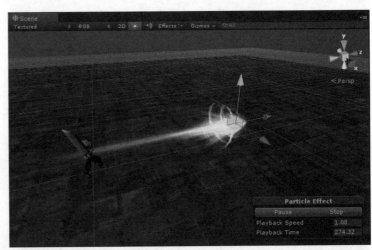
图7-194 场景视图

67 创建一个Particle System（粒子系统），修改命名为fx_lines_01（自定义），粒子系统属性参数设置如图7-195和图7-196所示。

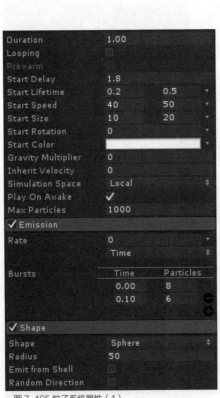
图7-195 粒子系统属性（1）

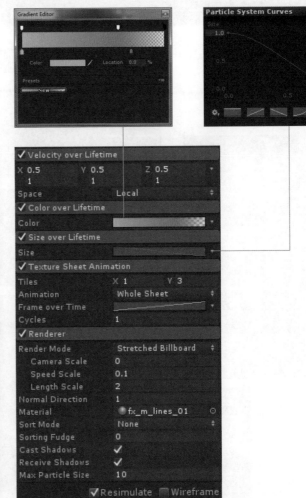
图7-196 粒子系统属性（2）

68 创建一个材质球，命名为 fx_m_lines _01，将赋予材质的材质球赋予 fx_lines _01（粒子系统），如图 7-197~ 图 7-199 所示。

图 7-197 影格贴图

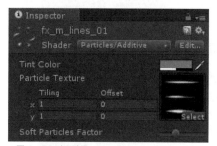

图 7-198 赋予贴图

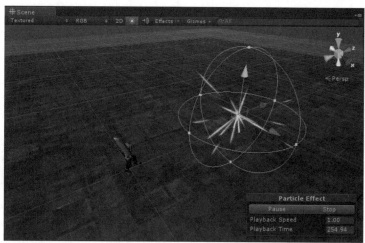

图 7-199 场景视图

69 创建一个 Particle System（粒子系统），修改命名为 fx_yunguang_01（自定义），粒子系统属性参数设置如图 7-200 和图 7-201 所示。

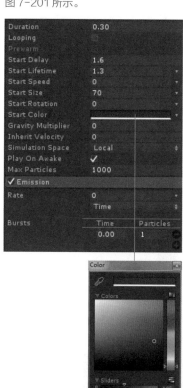

图 7-200 粒子系统属性（1）

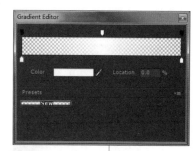

图 7-201 粒子系统属性（2）

70 创建一个材质球，命名为 fx_m_yunguang_01，将赋予材质的材质球赋予 fx_yunguang_01（粒子系统），如图 7-202 所示。

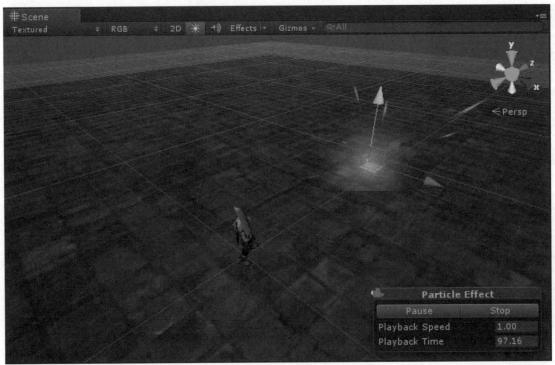

图 7-202 场景视图

71 创建一个 Particle System（粒子系统），修改命名为 fx_yunguang_02（自定义），粒子系统属性参数设置如图 7-203 和图 7-204 所示。

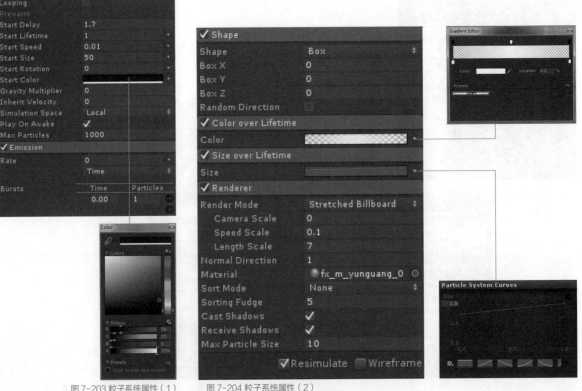

图 7-203 粒子系统属性（1）　　图 7-204 粒子系统属性（2）

72 创建一个材质球，命名为 fx_m_yunguang_02，将赋予材质的材质球赋予 fx_yunguang_02（粒子系统），如图 7-205~图 7-207 所示。

图 7-205 贴图

图 7-206 赋予贴图

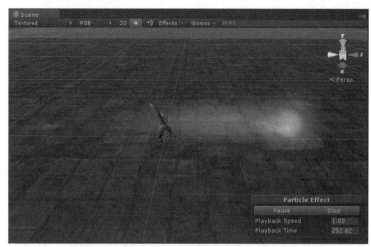

图 7-207 场景视图

73 在游戏模式下查看效果，如图 7-208~ 图 7-211 所示。

图 7-208 游戏视图（1）

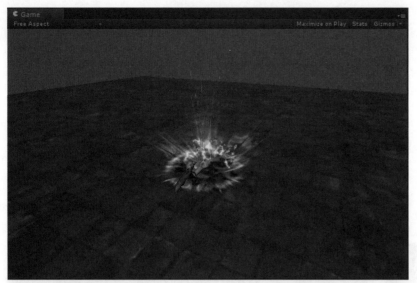

图 7-209 游戏视图（2）

图 7-210 游戏视图（3）

图 7-211 游戏视图（4）

第**8**章

法术攻击特效案例

8.1 实例：冰冻术特效案例讲解

冰是自然界常见的一种晶体。冬天的时候就很常见，日常生活中冰箱中也能看到冰，那么读者朋友通过我们的日常生活就对冰已经有了很多解了，如冰的颜色、冰的形状、冰是透明晶体等。那么游戏中的冰是怎么制作的呢？下面我们就来制作一个冰冻的效果。

01 首先打开 3ds Max 软件，创建一个螺旋曲线，如图 8-1 所示。

02 同理，再创建 2 个螺旋曲线，在造型上做一定的差异变化，并对每个角度做旋转调节，如图 8-2 所示。

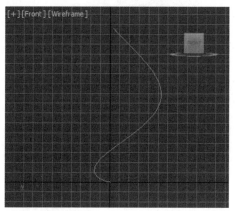

图 8-1 螺旋曲线（1）

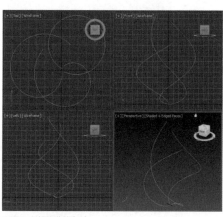

图 8-2 螺旋曲线（2）

03 曲线创建完成后，创建一个 Dummy（虚拟体），然后命名为 guangdai_01，将 guangdai_01 位置归零；将 3 条曲线使用绑定工具绑定给 guangdai_01，作为 guangdai_01 的子物体；如图 8-3 所示。

04 继续创建 3 个 Dummy（虚拟体），分别命名为 line_01、line_02、line_03（自定义）。

05 选择 iine_01 使用路径约束到第一个曲线上，动画帧调整至第 9 帧位置，如图 8-4 所示。

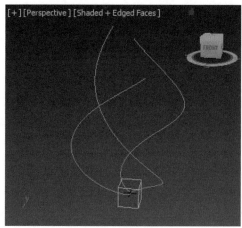

图 8-3 螺旋曲线路径动画（1）

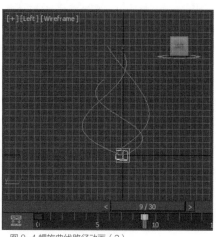

图 8-4 螺旋曲线路径动画（2）

提示

路径约束工具的使用如图8-5所示。

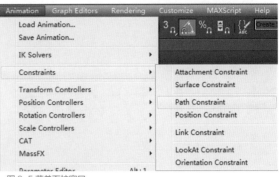

图 8-5 菜单下拉窗口

06 同理，将 line_02、line_03 分别使用路径约束给第二条和第三条曲线，帧动画分别如图 8-6 和图 8-7 所示。

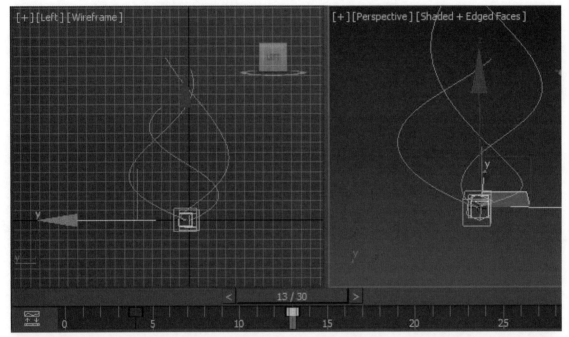

图 8-6 帧动画（1）

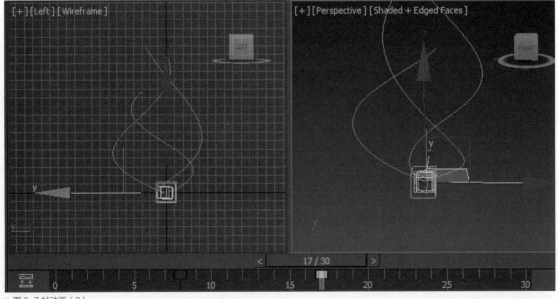

图 8-7 帧动画（2）

07 将动画总帧数设置为 30 帧，然后导出 FBX 文件，导出文件命名为 guangdai_01，导出设置如图 8-8 所示。

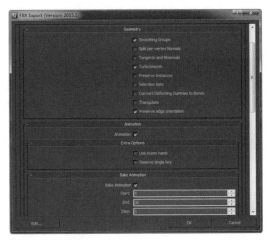

图 8-8 导出设置

08 创建一个 GameObject 空对象，命名为 fx_bingdong shu_8.1（自定义名称），位置归零。

09 首先创建一个地面参考面片模型，然后创建一个 Materials（材质球）并赋予贴图，再创建一个 Directional light 灯光。

10 将 guangdai_01（FBX 文件）导入 Unity 中，设置为 fx_bingdongshu_8.1 的子物体。

11 首先选择 iine_01，然后选择菜单栏 Component → Effects → Trail Renderer，选择 Trail Renderer 属性模块，设置如图 8-9 和图 8-10 所示。

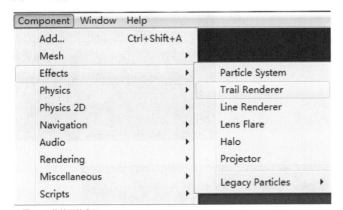

图 8-9 菜单下拉窗口

图 8-10 Trail Renderer 属性

12 同理，分别给 line_02、line_03 添加 Trail Renderer；line _02、line_03 的 Trail Renderer 属性参数设置分别如图 8-11 和图 8-12 所示。

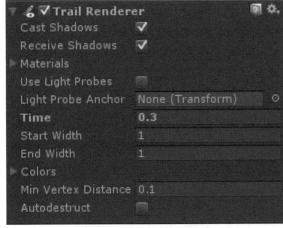

图 8-11 参数设置（1）

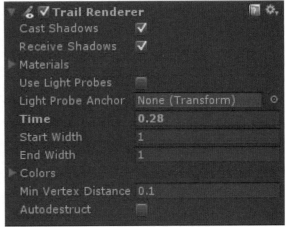

图 8-12 参数设置（2）

13 首先创建一个材质球，命名为 fx_m_guangdai_01，将赋予贴图的材质球分别赋予 line_01、line_02、line_03 的 Trail Renderer（拖尾光带），如图 8-13~ 图 8-15 所示。

图 8-13 贴图

图 8-14 赋予贴图

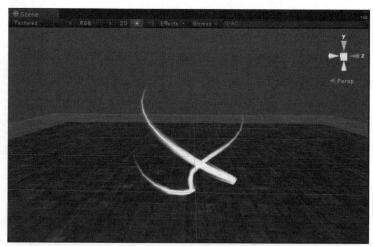

图 8-15 场景视图

14 创建一个 Particle System（粒子系统），修改命名为 fx_suibing_01（自定义），并将 fx_suibing_01 设置为 line_01 的子物体且重置位置（这里重置位置是为了粒子系统初始位置和 line_01 初始一致）。粒子系统属性参数设置如图 8-16 和图 8-17 所示。

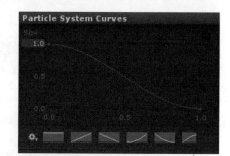

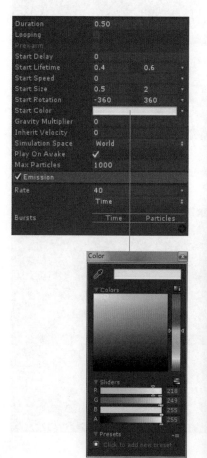

图 8-16 粒子系统属性（1）　　图 8-17 粒子系统属性（2）

15 然后创建一个材质球，命名为 fx_m_bingxing_01，将赋予贴图的材质球赋予 fx_suibing_01（粒子系统），如图 8-18~图 8-20 所示。

图 8-18 贴图

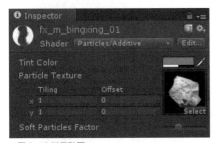

图 8-19 赋予贴图

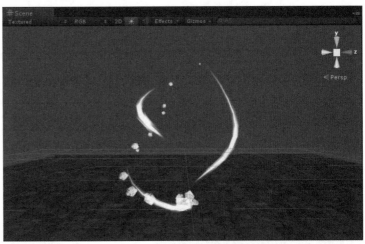

图 8-20 场景视图

16 首先将 fx_suibing_01（粒子系统）复制一个，然后将其重命名为 fx_suibing_02（自定义），并将 fx_suibing_02 设置为 line_02 的子物体且重置位置，粒子系统属性参数设置如图 8-21 和图 8-22 所示。

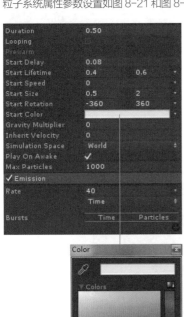

图 8-21 粒子系统属性（1）

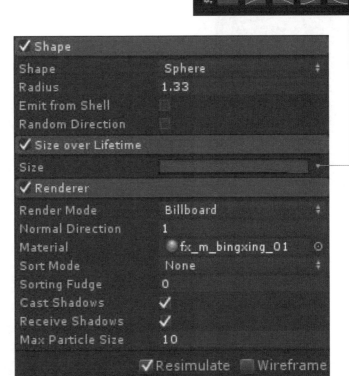

图 8-22 粒子系统属性（2）

17 选择 fx_m_bingxing_01 材质球,将赋予贴图的材质球赋予 fx_suibing_02(粒子系统),如图 8-23 所示。

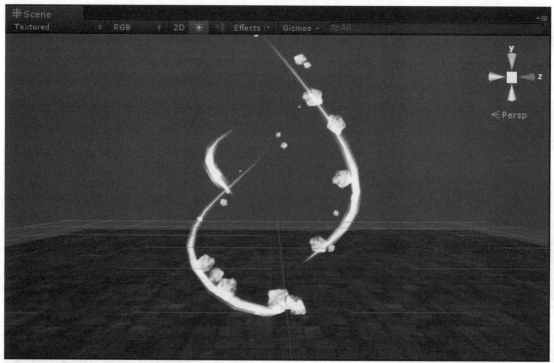

图 8-23 场景视图

18 首先将 fx_suibing_01(粒子系统)复制一个,然后将其重命名为 fx_suibing_03(自定义),并将 fx_suibing_03 设置为 line_03 的子物体且重置位置,粒子系统属性参数设置如图 8-24 和图 8-25 所示。

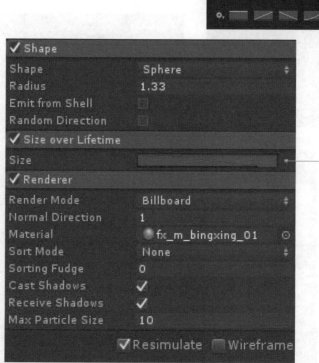

图 8-24 粒子系统属性(1)   图 8-25 粒子系统属性(2)

19 首先选择 fx_m_bingxing_01 材质球，然后将赋予贴图的材质球赋予 fx_suibing_03（粒子系统），如图 8-26 所示。

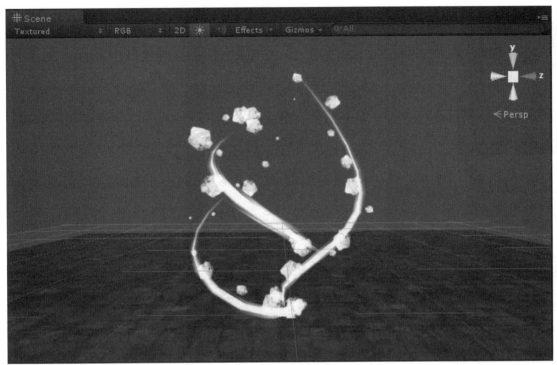

图 8-26 场景视图

20 创建一个 Particle System（粒子系统），修改命名为 fx_baodian_01（自定义），粒子系统属性参数设置如图 8-27 和图 8-28 所示。

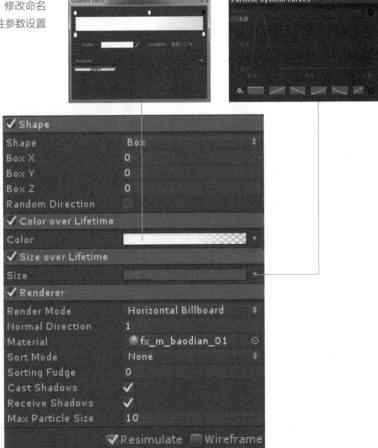

图 8-27 粒子系统属性（1）　　图 8-28 粒子系统属性（2）

21 然后创建一个材质球，命名为 fx_m_baodian_01，将赋予贴图的材质球赋予 fx_baodian _01（粒子系统），如图 8-29~ 图 8-31 所示。

图 8-29 贴图

图 8-30 赋予贴图

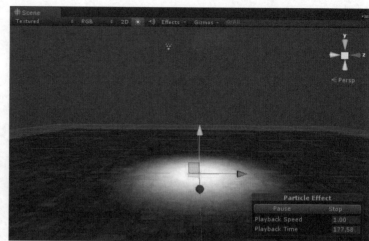

图 8-31 场景视图

22 创建一个 Particle System（粒子系统），修改命名为 fx_bingkuai_01（自定义），粒子系统属性参数设置如图 8-32 和图 8-33 所示。

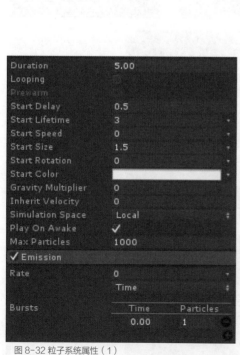

图 8-32 粒子系统属性（1）

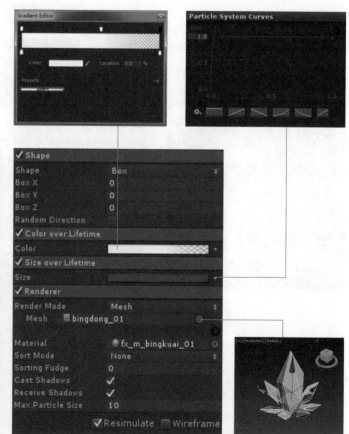

图 8-33 粒子系统属性（2）

23 创建一个材质球，命名为 fx_m_bingkuai_01，将赋予贴图的材质球赋予 fx_bing kuai_01（粒子系统），如图 8-34~ 图 8-36 所示。

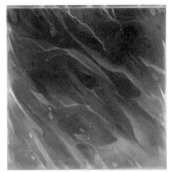

图 8-34 贴图

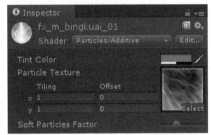

图 8-35 赋予贴图

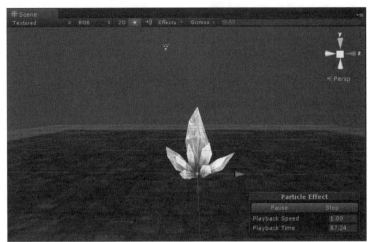

图 8-36 场景贴图

24 创建一个 Particle System（粒子系统），修改命名为 fx_binglie_01（自定义），粒子系统属性参数设置如图 8-37 和图 8-38 所示。

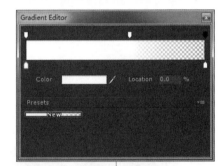

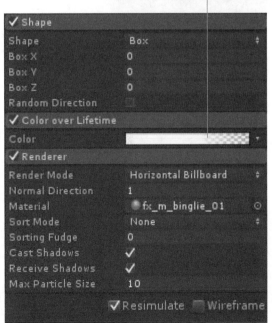

图 8-37 粒子系统属性（1）

图 8-38 粒子系统属性（2）

25 创建一个材质球，命名为 fx_m_binglie_01，将赋予贴图的材质球赋予 fx_binglie_01（粒子系统），如图 8-39~ 图 8-41 所示。

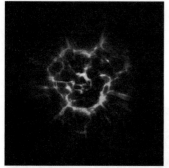

图 8-39 贴图

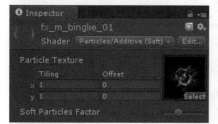

图 8-40 赋予贴图

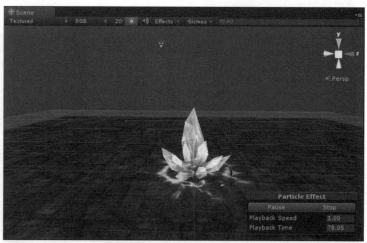

图 8-41 场景视图

26 创建一个 Particle System（粒子系统），修改命名为 fx_bingxing_01（自定义），粒子系统属性参数设置如图 8-42 和图 8-43 所示。

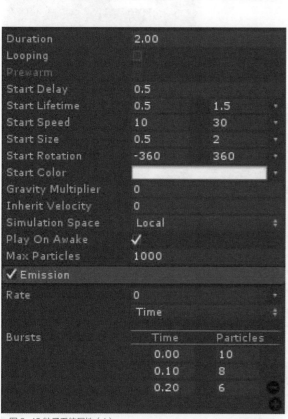

图 8-42 粒子系统属性（1）

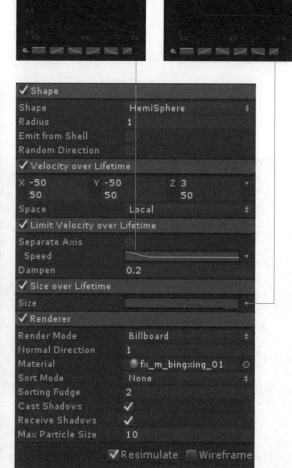

图 8-43 粒子系统属性（2）

27 首先选择 fx_m_bingxing_01 材质球，然后将赋予贴图的材质球赋予 fx_bingxing_01（粒子系统），如图 8-44 所示。

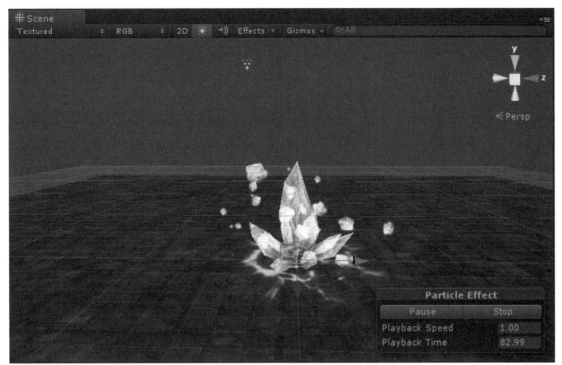

图 8-44 场景贴图

28 创建一个 Particle System（粒子系统），修改命名为
fx_sanwu_01（自定义），粒子系统属性参数设置如图
8-45 和图 8-46 所示。

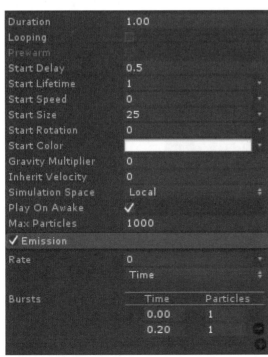

图 8-45 粒子系统属性（1）

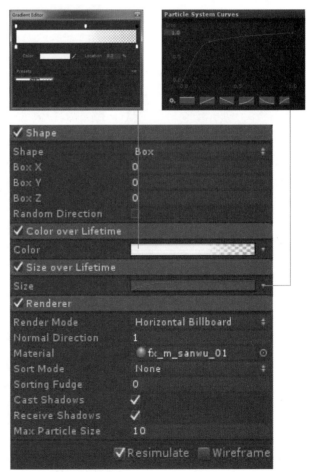

图 8-46 粒子系统属性（2）

29 创建一个材质球，命名为 fx_m_sanwu_01，将赋予贴图的材质球赋予 fx_sa nwu_01（粒子系统），如图 8-47~ 图 8-49 所示。

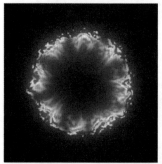

图 8-47 贴图

图 8-48 赋予贴图

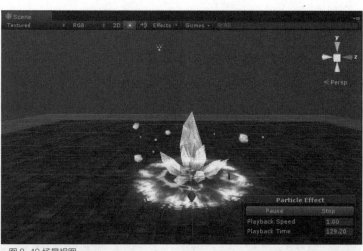

图 8-49 场景视图

30 创建一个 Particle System（粒子系统），修改命名为 fx_bingwu_01（自定义），粒子系统属性参数设置如图 8-50 和图 8-51 所示。

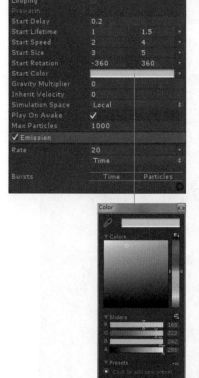

图 8-50 粒子系统属性（1）

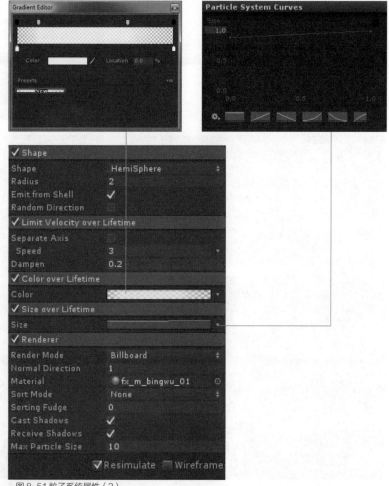

图 8-51 粒子系统属性（2）

31 创建一个材质球，命名为fx_m_bingwu_01，将赋予贴图的材质球赋予fx_bingwu_01（粒子系统），如图8-52~图8-54所示。

图 8-52 贴图

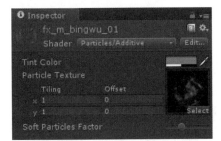

图 8-53 赋予贴图

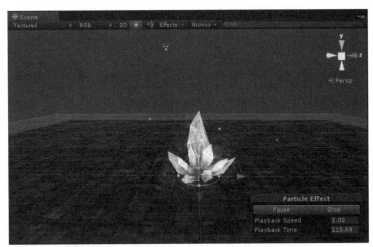

图 8-54 场景贴图

32 在游戏模式下查看效果，如图8-55~图8-59所示。

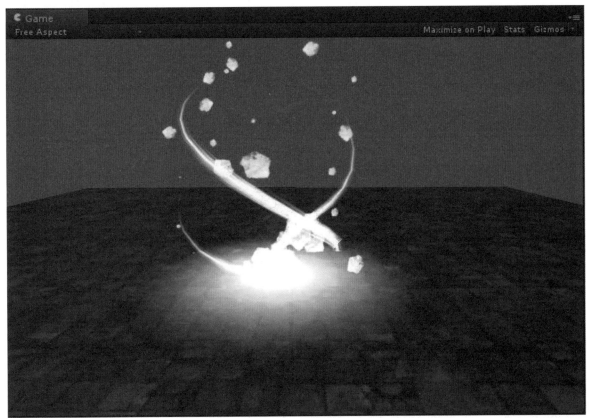

图 8-55 游戏视图（1）

图 8-56 游戏视图（2）

图 8-57 游戏视图（3）

图 8-58 游戏视图（4）

图 8-59 游戏视图（5）

8.2 实例：法系旋风特效案例讲解

旋风特效是游戏中常见的一种魔法类特效，一般使用者为法师类职业；游戏中的旋风特效参考了现实中的龙卷风，比如旋涡等；游戏中的旋风制作也是参考和借鉴于现实，所以在制作前，心中就应有一个大概的造型，制作起来就比较顺手，下面我们来使用 Unity 3D 制作旋风。

01 创建一个 GameObject 空对象，命名为 fx_xuanfeng zhan_8.2（自定义名称），位置归零。

02 首先创建一个地面参考面片模型，然后创建一个 Materials（材质球）并赋予贴图，再创建一个 Directional light 灯光。

03 创建一个 Particle System（粒子系统），修改命名为 fx_dixuanguang_01（自定义），粒子系统属性参数设置如图 8-60 和图 8-61 所示。

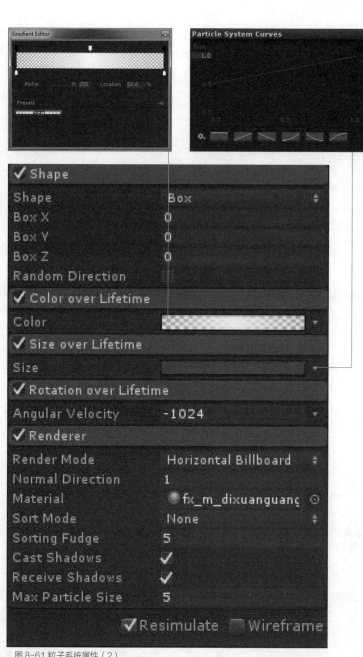

图 8-60 粒子系统属性（1）

图 8-61 粒子系统属性（2）

04 然后创建一个材质球，命名为 fx_m_dixuangu ang_01，将赋予贴图的材质球赋予 fx_dixuan guang_01（粒子系统），如图 8-62~ 图 8-64 所示。

图 8-62 贴图

图 8-63 赋予贴图

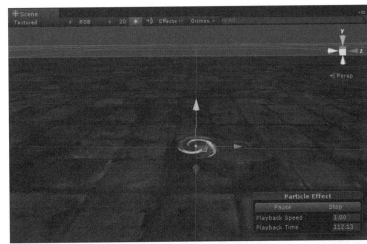

图 8-64 场景视图

05 创建一个 Particle System（粒子系统），修改命名为 fx_fengxuan_01（自定义），粒子系统属性参数设置如图 8-65~ 图 8-67 所示。

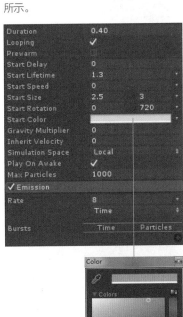

图 8-65 粒子系统属性（1）

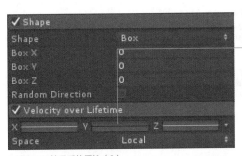

图 8-66 粒子系统属性（2）

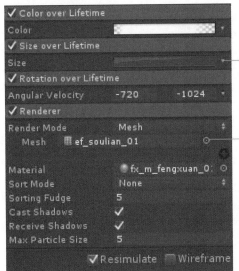

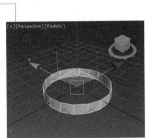

图 8-67 粒子系统属性（3）

单击粒子属性模块右边的小三角，展开下拉菜单，选择提供的几种属性变化模式，如图8-68所示。

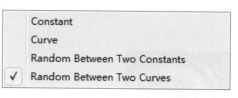

图 8-68 模块属性

06 创建一个材质球，命名为 fx_m_fengxuan_01，将赋予贴图的材质球赋予 fx_fengxuan_01（粒子系统），如图 8-69~ 图 8-71 所示。

图 8-69 贴图

图 8-70 赋予贴图

图 8-71 游戏视图

07 创建一个 Particle System（粒子系统），修改命名为 fx_fengxuan_02（自定义），粒子系统属性参数设置如图 8-72~ 图 8-74 所示。

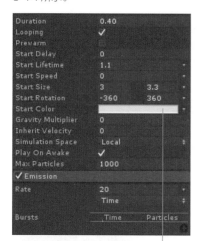

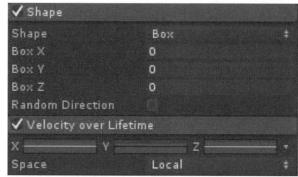

图 8-73 粒子系统属性（2）

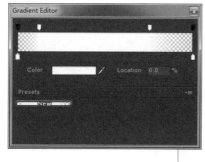

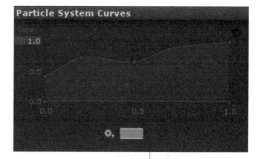

图 8-72 粒子系统属性（1）

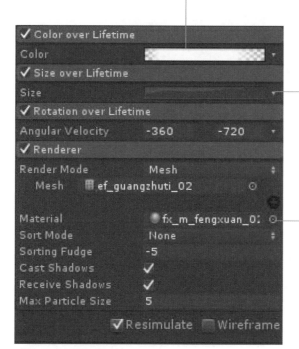

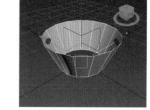

图 8-74 粒子系统属性（3）

08 创建一个材质球，命名为fx_m_fengxuan _02，将赋予贴图的材质球赋予fx_feng xuan_02（粒子系统），如图8-75~图8-77所示。

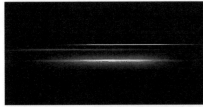

图 8-75 贴图

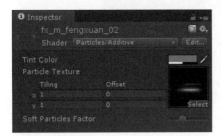

图 8-76 赋予贴图

图 8-77 游戏视图

09 创建一个 Particle System（粒子系统），修改命名为 fx_fengxuan_03（自定义），粒子系统属性参数设置如图 8-78~ 图 8-80 所示。

图 8-79 粒子系统属性（2）

图 8-78 粒子系统属性（2）　　　图 8-80 粒子系统属性（3）

10 创建一个材质球，命名为 fx_m_fengxuan_03，将赋予贴图的材质球赋予 fx_fengxuan_03（粒子系统），如图 8-81~ 图 8-83 所示。

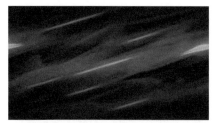

图 8-81 贴图

图 8-82 赋予贴图

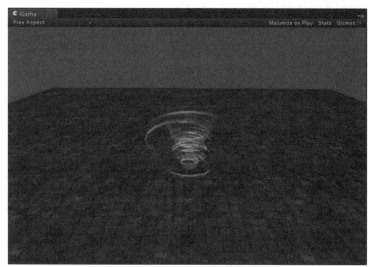

图 8-83 游戏视图

11 创建一个 Particle System（粒子系统），修改命名为 fx_fengxuan_04（自定义），粒子系统属性参数设置如图 8-84~ 图 8-86 所示。

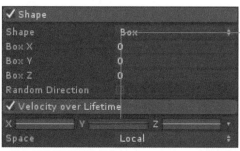

图 8-85 粒子系统属性（2）

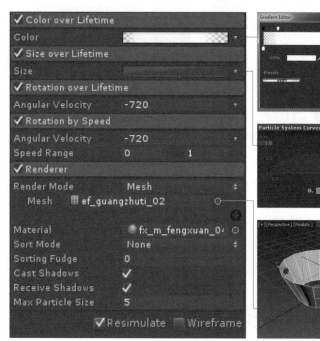

图 8-84 粒子系统属性（1）　　图 8-86 粒子系统属性（3）

12 创建一个材质球，命名为 fx_m_fengxuan_04，将赋予贴图的材质球赋予 fx_fengxuan_04（粒子系统），如图 8-87~ 图 8-89 所示。

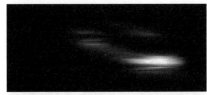

图 8-87 贴图

图 8-88 赋予贴图

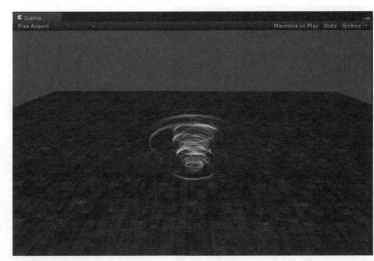

图 8-89 游戏视图

13 创建一个 Particle System（粒子系统），修改命名为 fx_fengxuan_05（自定义），粒子系统属性参数设置如图 8-90~ 图 8-92 所示。

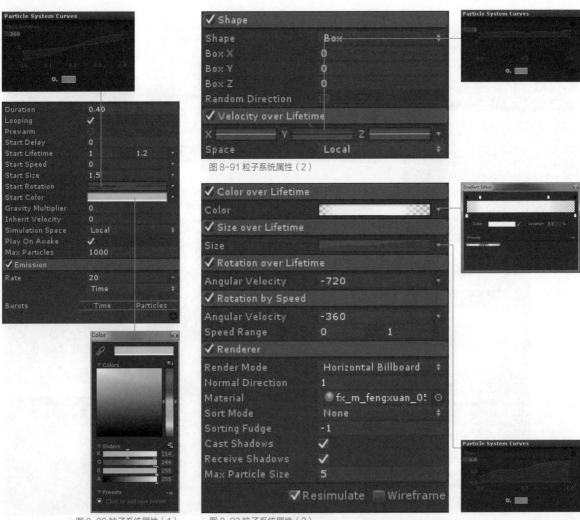

图 8-90 粒子系统属性（1）　　图 8-91 粒子系统属性（2）　　图 8-92 粒子系统属性（3）

14 创建一个材质球，命名为 fx_m_fengxuan _05，将赋予贴图的材质球赋予 fx_fengxuan_05（粒子系统），如图 8-93~图 8-95 所示。

图 8-93 贴图

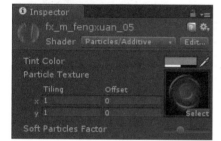

图 8-94 赋予贴图

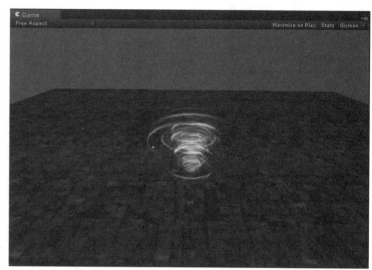

图 8-95 游戏视图

15 创建一个 Particle System（粒子系统），修改命名为 fx_fengxuan_06（自定义），粒子系统属性参数设置如图 8-96~ 图 8-98 所示。

图 8-96 粒子系统属性（1）

图 8-97 粒子系统属性（2）

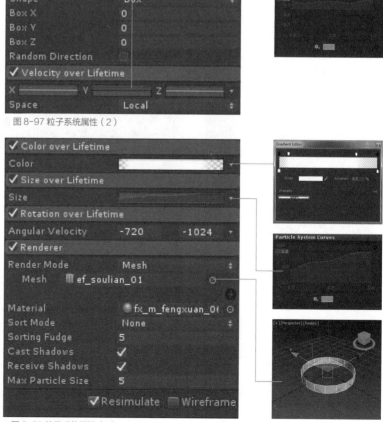

图 8-98 粒子系统属性（3）

16 创建一个材质球，命名为fx_m_fengxuan_06，将赋予贴图的材质球赋予fx_feng xuan_06（粒子系统），贴图模式为Part icles/Alpha Blended，如图8-99~图8-101所示。

图8-99 贴图

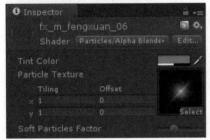

图8-100 赋予贴图

图8-101 游戏视图

17 创建一个 Particle System（粒子系统），修改命名为fx_yancheng_01（自定义），粒子系统属性参数设置如图8-102和图8-103所示。

图8-102 粒子系统属性（1）

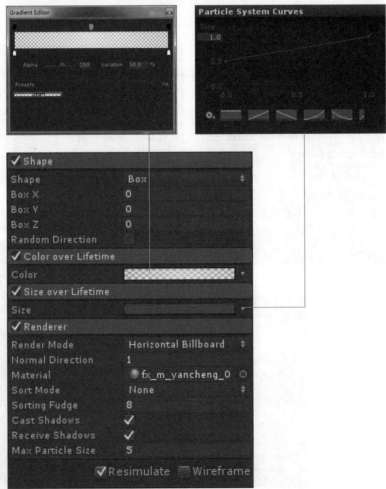

图8-103 粒子系统属性（2）

18 创建一个材质球，命名为 fx_m_yancheng_01，将赋予贴图的材质球赋予 fx_yancheng_01（粒子系统），如图 8-104~图 8-106 所示。

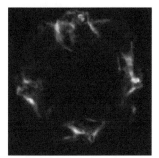

图 8-104 贴图

图 8-105 赋予贴图

图 8-106 游戏视图

19 创建一个 Particle System（粒子系统），修改命名为fx_yancheng_02(自定义），粒子系统属性参数设置如图 8-107 和图 8-108 所示。

图 8-107 粒子系统属性（1）

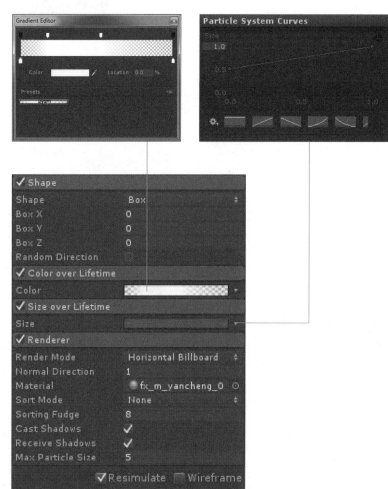

图 8-108 粒子系统属性（2）

20 创建一个材质球，命名为fx_m_yancheng_02，将赋予贴图的材质球赋予fx_yancheng_02（粒子系统），如图8-109~图8-111所示。

图 8-109 贴图

图 8-110 赋予贴图

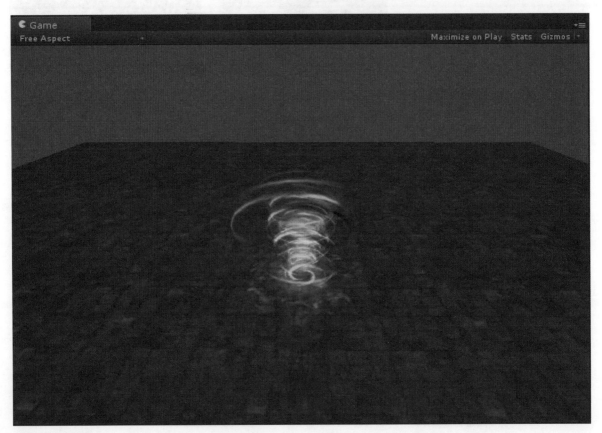

图 8-111 游戏视图

21 在游戏模式下查看效果，如图 8-112 和图 8-113 所示。

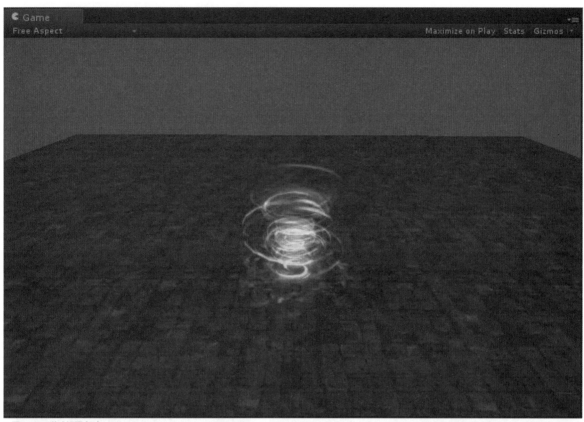

图 8-112 游戏视图（1）

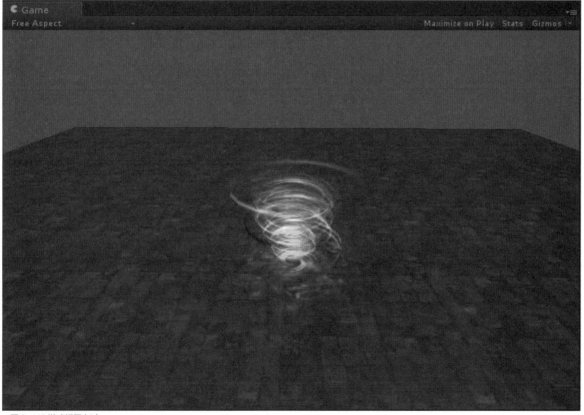

图 8-113 游戏视图（2）

8.3 实例：闪电特效案例讲解

提到闪电，读者朋友就会联想到打雷下雨时就会伴随闪电，这是自然界中常见的现象。游戏中闪电的一般使用者为魔法类职业，使用闪电来攻击敌方。闪电的主要特点就是快，瞬间一闪，视觉代入感强，给人留下一种不寒而栗的感觉。那么游戏中的闪电特效也是来源于我们的生活，以生活中的闪电形状作为参考来设计和制作，读者朋友可以根据自己在生活中感受的闪电来制作游戏中的闪电特效，但是现实和游戏中的闪电也是有所不同的。下面就让我们来制作游戏中的闪电特效。

01 创建一个 GameObject 空对象，命名为 fx_shandian_8.3（自定义名称），位置归零。

02 首先创建一个地面参考面片模型，然后创建一个 Materials（材质球）并赋予贴图，再创建一个 Directional light 灯光。

03 创建一个 Particle System（粒子系统），修改命名为 fx_dianzhi_01（自定义），粒子系统属性参数设置如图 8-114 和图 8-115 所示。

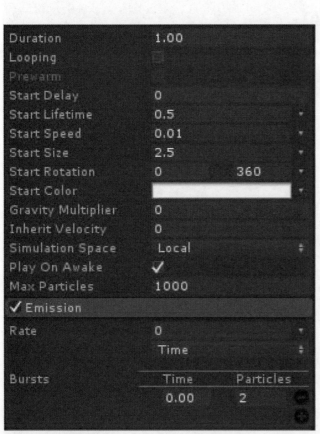

图 8-114 粒子系统属性（1）

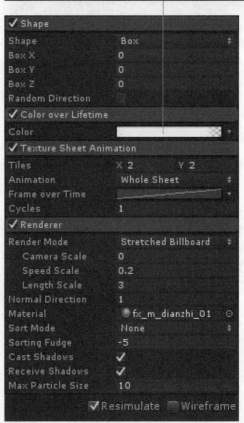

图 8-115 粒子系统属性（2）

04 创建一个材质球，命名为 fx_m_dianzhi_01，将赋予材质的材质球赋予 fx_dianzhi_01（粒子系统），如图 8-116~ 图 8-118 所示。

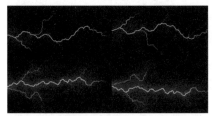

图 8-116 影格贴图

图 8-117 赋予贴图

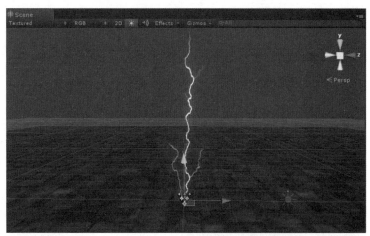

图 8-118 场景视图

05 创建一个 Particle System（粒子系统），修改命名为 fx_dianzhi_02（自定义），粒子系统属性参数设置如图 8-119 和图 8-120 所示。

Duration	1.00
Looping	
Prewarm	
Start Delay	0.05
Start Lifetime	0.5
Start Speed	0.01
Start Size	1.2 1.8
Start Rotation	0 360
Start Color	
Gravity Multiplier	0
Inherit Velocity	0
Simulation Space	Local
Play On Awake	✓
Max Particles	1000

✓ **Emission**

Rate	0
	Time

Bursts	Time	Particles
	0.00	8
	0.10	6
	0.20	4

图 8-119 粒子系统属性（1）

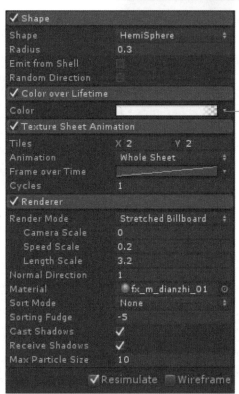

✓ **Shape**

Shape	HemiSphere
Radius	0.3
Emit from Shell	
Random Direction	

✓ **Color over Lifetime**

Color	

✓ **Texture Sheet Animation**

Tiles	X 2 Y 2
Animation	Whole Sheet
Frame over Time	
Cycles	1

✓ **Renderer**

Render Mode	Stretched Billboard
Camera Scale	0
Speed Scale	0.2
Length Scale	3.2
Normal Direction	1
Material	fx_m_dianzhi_01
Sort Mode	None
Sorting Fudge	-5
Cast Shadows	✓
Receive Shadows	✓
Max Particle Size	10

✓ Resimulate ☐ Wireframe

图 8-120 粒子系统属性（2）

06 选择 fx_m_dianzhi_01 材质球，将材质球赋予 fx_dianzhi_02（粒子系统），如图 8-121 所示。

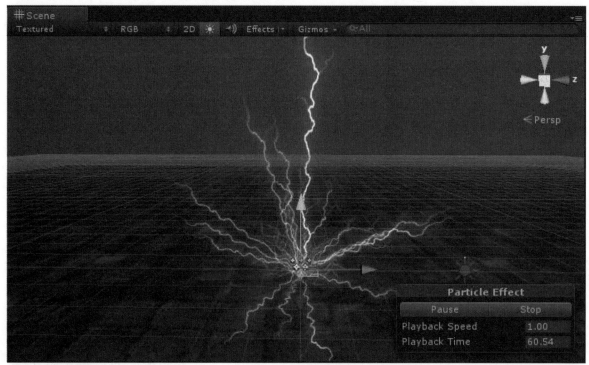

图 8-121 场景视图

07 创建一个 Particle System（粒子系统），修改命名为 fx_dianzhi_03（自定义），粒子系统属性参数设置如图 8-122 和图 8-123 所示。

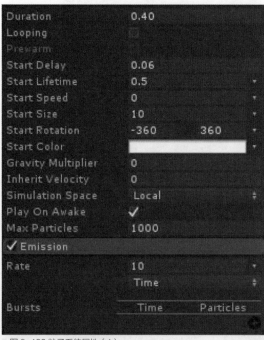

图 8-122 粒子系统属性（1）

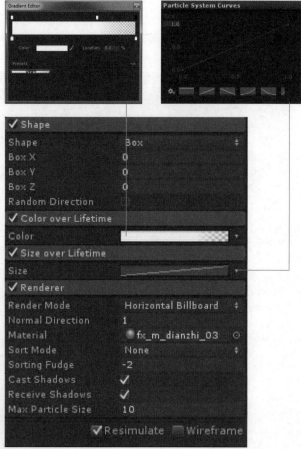

图 8-123 粒子系统属性（2）

08 创建一个材质球，命名为 fx_m_dianzhi _03，将赋予材质的材质球赋予 fx_dianzhi_03（粒子系统），如图 8-124~ 图 8-126 所示。

图 8-124 贴图

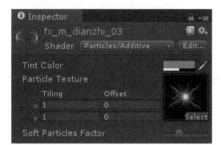

图 8-125 赋予贴图

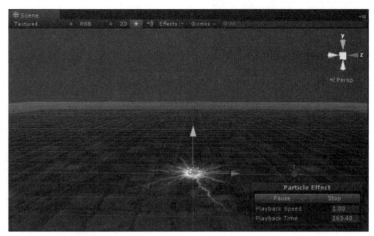

图 8-126 场景视图

09 创建一个 Particle System（粒子系统），修改命名为 fx_sanguang_01（自定义），粒子系统属性参数设置如图 8-127 和图 8-128 所示。

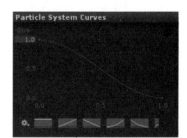

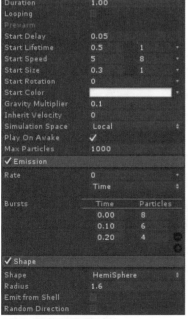

图 8-127 粒子系统属性（1）

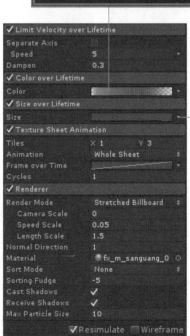

图 8-128 粒子系统属性（2）

10 创建一个材质球，命名为fx_m_sanguang_01，将赋予材质的材质球赋予fx_sanguang_01（粒子系统），如图8-129~图8-131所示。

图8-129 影格贴图

图8-130 赋予贴图

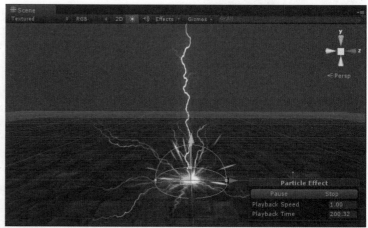

图8-131 场景视图

11 创建一个Particle System（粒子系统），修改命名为fx_sansheyan_01（自定义），粒子系统属性参数设置如图8-132和图8-133所示。

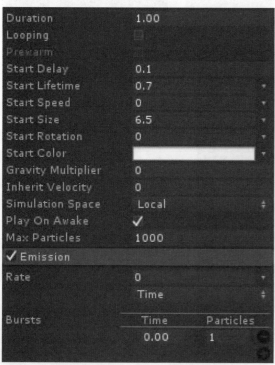

图8-132 粒子系统属性（1）

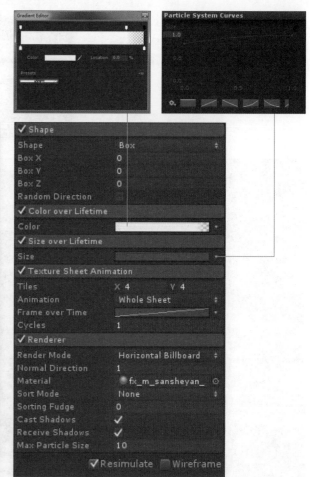

图8-133 粒子系统属性（2）

12 创建一个材质球，命名为 fx_m_sansheyan_01，将赋予材质的材质球赋予 fx_sansheyan_01（粒子系统），如图 8-134~图 8-136 所示。

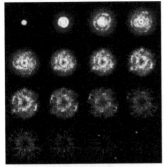

图8-134 影格贴图

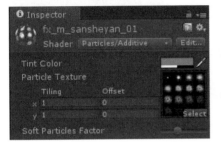

图8-135 赋予贴图

图8-136 场景视图

13 创建一个 Particle System（粒子系统），修改命名为 fx_sansheyan_02（自定义），粒子系统属性参数设置如图 8-137 和图 8-138 所示。

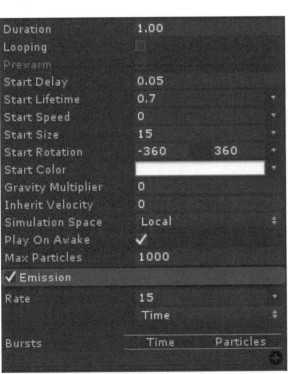

图 8-137 粒子系统属性（1）

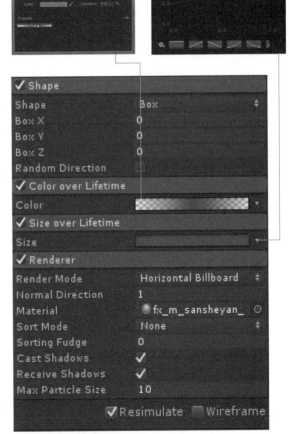

图 8-138 粒子系统属性（2）

14 创建一个材质球，命名为fx_m_sansheyan_02，将赋予材质的材质球赋予fx_sansheyan_02（粒子系统），如图8-139~图8-141所示。

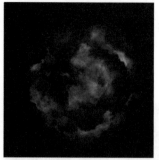

图 8-139 贴图

图 8-140 赋予贴图

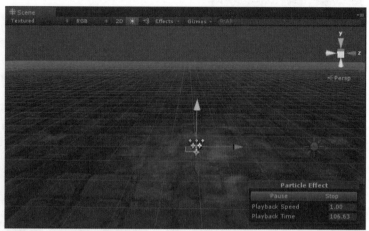

图 8-141 场景视图

15 创建一个 Particle System（粒子系统），修改命名为fx_baodian_01（自定义），粒子系统属性参数设置如图8-142和图8-143所示。

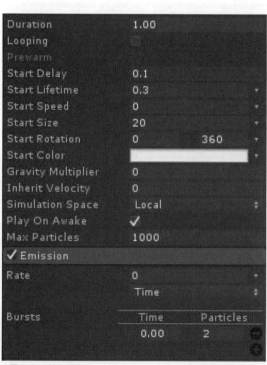

图 8-142 粒子系统属性（1）

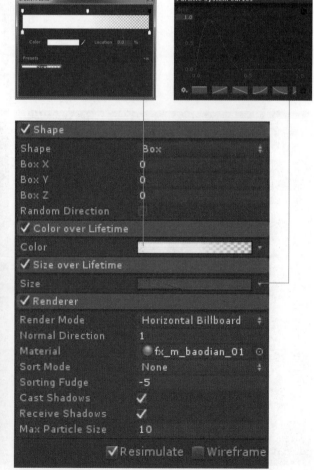

图 8-143 粒子系统属性（2）

16 创建一个材质球，命名为 fx_m_baodian_01，将赋予材质的材质球赋予 fx_baodian_01（粒子系统），如图 8-144~ 图 8-146 所示。

图8-144 贴图

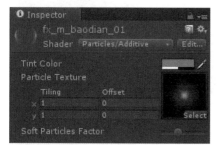

图8-145 赋予贴图

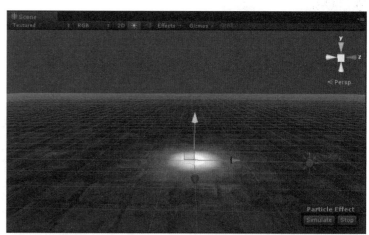

图8-146 场景视图

17 创建一个 Particle System（粒子系统），修改命名为 fx_guangyun_01（自定义），粒子系统属性参数设置如图 8-147 和图 8-148 所示。

图8-147 粒子系统属性（1）

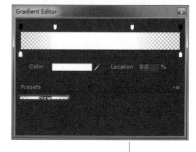

图8-148 粒子系统属性（2）

18 创建一个材质球，命名为 fx_m_guangyun_01，将赋予材质的材质球赋予 fx_guangyun_01（粒子系统），如图 8-149~图 8-151 所示。

图 8-149 贴图

Tint Color
Particle Texture

	Tiling	Offset
x	1	0
y	1	0

Soft Particles Factor

图 8-150 赋予贴图

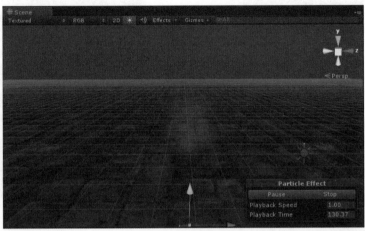

图 8-151 场景视图

19 创建一个 Particle System（粒子系统），修改命名为 fx_guangyun_02（自定义），粒子系统属性参数设置如图 8-152 和图 8-153 所示。

Duration	1.00
Looping	☐
Prewarm	
Start Delay	0.1
Start Lifetime	1.2
Start Speed	0
Start Size	10
Start Rotation	0
Start Color	
Gravity Multiplier	0
Inherit Velocity	0
Simulation Space	Local
Play On Awake	✓
Max Particles	1000
✓ Emission	
Rate	0
	Time
Bursts	Time Particles
	0.00 1

图 8-152 粒子系统属性（1）

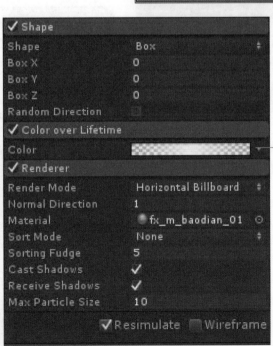

✓ Shape	
Shape	Box
Box X	0
Box Y	0
Box Z	0
Random Direction	☐
✓ Color over Lifetime	
Color	
✓ Renderer	
Render Mode	Horizontal Billboard
Normal Direction	1
Material	fx_m_baodian_01
Sort Mode	None
Sorting Fudge	5
Cast Shadows	✓
Receive Shadows	✓
Max Particle Size	10

✓ Resimulate ☐ Wireframe

图 8-153 粒子系统属性（2）

20 选择 fx_m_baodian_01 材质球，将 fx_m_baodian_01 材质球赋予 fx_guangyun_02（粒子系统），如图 8-154 所示。

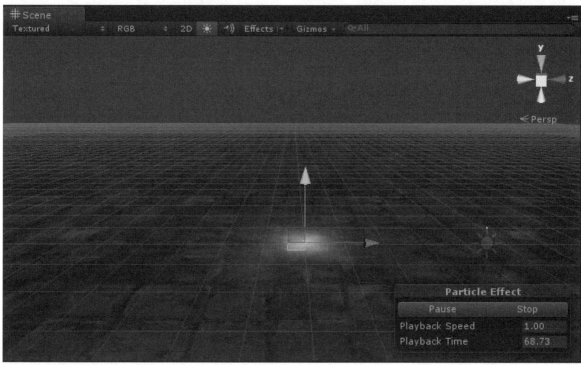

图 8-154 场景视图

21 在游戏模式下查看效果，如图 8-155~ 图 8-159 所示。

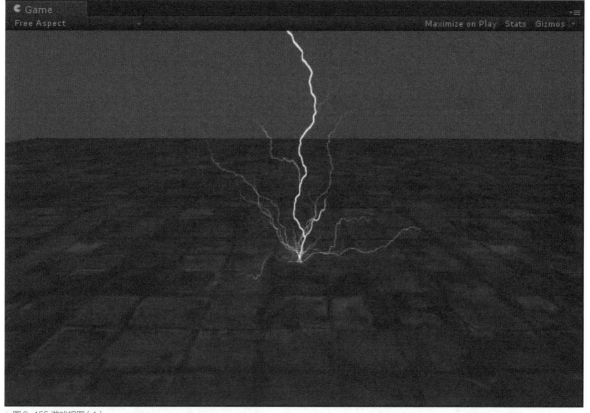

图 8-155 游戏视图（1）

图 8-156 游戏视图（2）

图 8-157 游戏视图（3）

图 8-158 游戏视图（4）

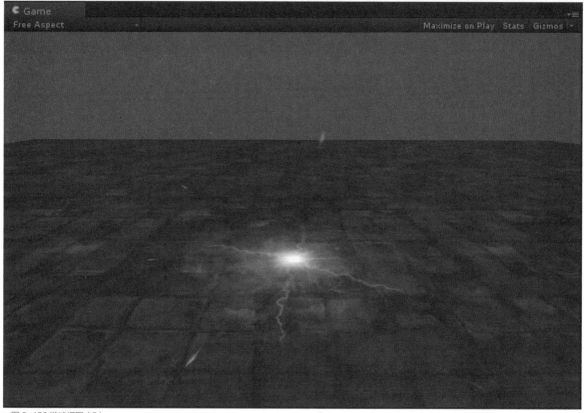

图 8-159 游戏视图（5）

第 **9** 章

通用类技能特效案例

9.1 实例：加血特效案例讲解

　　游戏中的 BUFF 特效常见的一种就是加血效果，加血 BUFF 的属性是增益技能；加血是指游戏中打怪时，在血量不充足的情况下加血及提升自身属性。加血作为游戏中的治疗特效，是玩家在游戏中使用比较频繁的效果，这种效果的表现形式给玩家的感觉就是有灵气汇聚于玩家操作的角色身体内，以一种动画方式体现视觉的代入感。本节来学习加血特效的制作。

01 创建一个 GameObject 空对象，命名为 fx_jiaxue_9.1（自定义名称），位置归零。

02 首先创建一个地面参考面片模型，然后创建一个 Materials（材质球）并赋予贴图，再创建一个 Directional light 灯光。

03 创建一个 Particle System（粒子系统），修改命名为 fx_baodian_01（自定义），粒子系统属性参数设置如图 9-1 和图 9-2 所示。

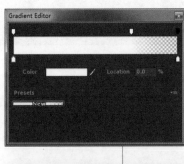

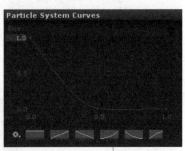

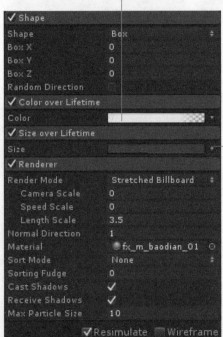

图 9-1 粒子系统属性（1）　　　图 9-2 粒子系统属性（2）

04 然后创建一个材质球，命名为 fx_m_baodian_01，将赋予贴图的材质球赋予 fx_baodian_01（粒子系统），如 图 9-3~ 图 9-5 所示。

图 9-3 贴图

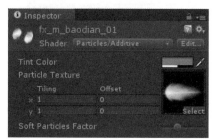

图 9-4 赋予贴图

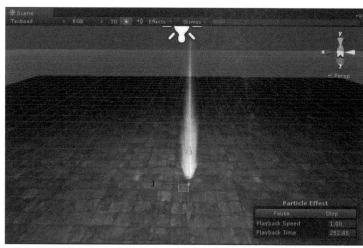

图 9-5 场景视图

05 创建一个 Particle System（粒子系统），修改命名为 fx_baodian_02（自定义），粒子系统属性参数设置如图 9-6 和图 9-7 所示。

图 9-6 粒子系统属性（1）

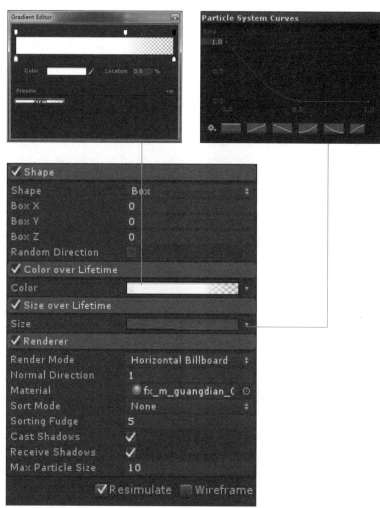

图 9-7 粒子系统属性（2）

06 然后创建一个材质球，命名为 fx_m_guangdian_01，将赋予贴图的材质球赋予 fx_baodian_02（粒子系统），如图 9-8～图 9-10 所示。

图 9-8 贴图

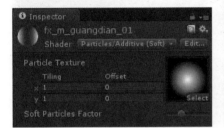

图 9-9 赋予贴图

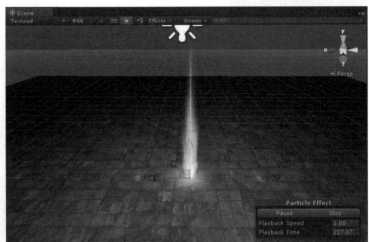

图 9-10 场景视图

07 创建一个 Particle System（粒子系统），修改命名为 fx_fazheng_01（自定义），粒子系统属性参数设置如图 9-11 和图 9-12 所示。

图 9-11 粒子系统属性（1）

图 9-12 粒子系统属性（2）

08 然后创建一个材质球，命名为 fx_m_fazheng_01，将赋予贴图的材质球赋予 fx_fazheng_01（粒子系统），如图 9-13~图 9-15 所示。

图9-13 贴图

图9-14 赋予贴图

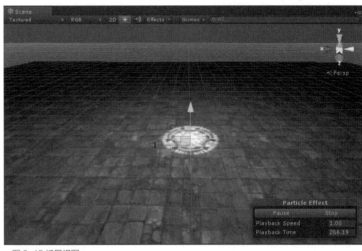

图9-15 场景视图

09 创建一个 Particle System（粒子系统），修改命名为 fx_fazhengguang_01（自定义），粒子系统属性参数设置如图 9-16 和图 9-17 所示。

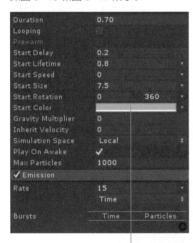

图9-16 粒子系统属性（1）

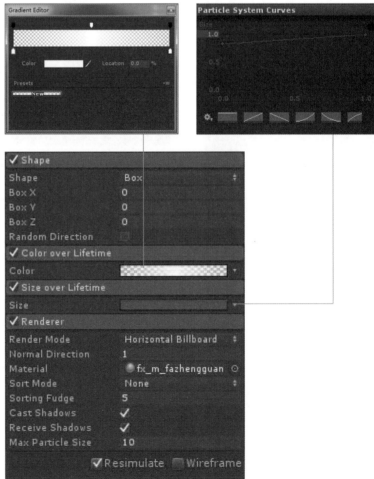

图9-17 粒子系统属性（2）

10 然后创建一个材质球，命名为 fx_m_fazhengguang_01，将赋予贴图的材质球赋予 fx_fazhengguang_01（粒子系统），如图 9-18~ 图 9-20 所示。

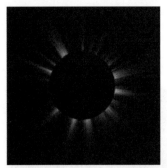

图 9-18 贴图

图 9-19 赋予贴图

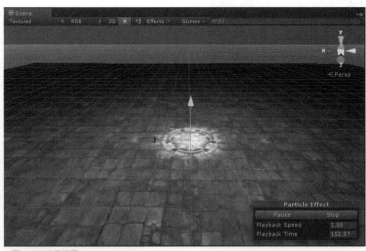

图 9-20 场景视图

11 创建一个 Particle System（粒子系统），修改命名为 fx_zhuguang_01（自定义），粒子系统属性参数设置如图 9-21 和图 9-22 所示。

图 9-21 粒子系统属性（1）

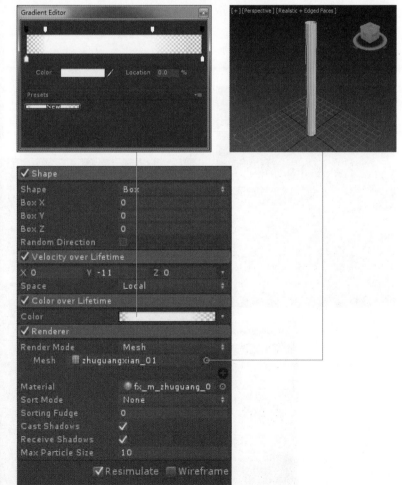

图 9-22 粒子系统属性（2）

12 然后创建一个材质球，命名为 fx_m_zhuguang_01，将赋予贴图的材质球赋予 fx_zhuguang_01（粒子系统），如图 9-23~ 图 9-25 所示。

图 9-23 贴图

图 9-24 赋予贴图

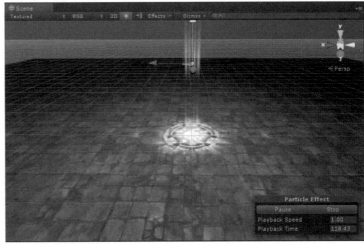

图 9-25 场景视图

13 创建一个 Particle System（粒子系统），修改命名为 fx_guanghuan_01（自定义），粒子系统属性参数设置如图 9-26 和图 9-27 所示。

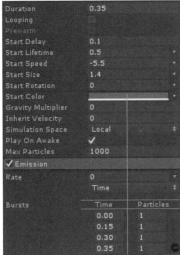

图 9-26 粒子系统属性（1）

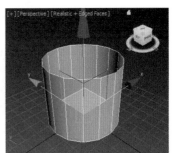

图 9-27 粒子系统属性（2）

14 然后创建一个材质球，命名为 fx_m_guanghuan_01，将赋予贴图的材质球赋予 fx_guanghuan_01（粒子系统），如图 9-28~图 9-30 所示。

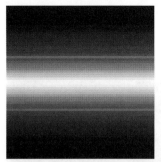

图 9-28 贴图

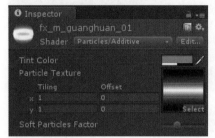

图 9-29 赋予贴图

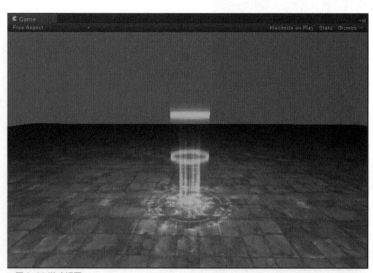

图 9-30 游戏视图

15 创建一个 Particle System（粒子系统），修改命名为 fx_shuguang_01（自定义），粒子系统属性参数设置如图 9-31 和图 9-32 所示。

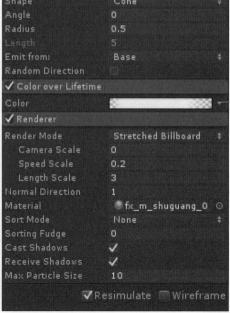

图 9-31 粒子系统属性（1）　图 9-32 粒子系统属性（2）

16 然后创建一个材质球，命名为 fx_m_shuguang_01，将赋予贴图的材质球赋予 fx_shuguang_01（粒子系统），如图 9-33~ 图 9-35 所示。

图 9-33 贴图

图 9-34 赋予贴图

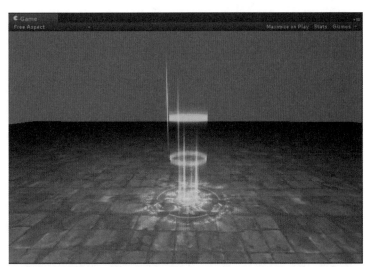

图 9-35 游戏视图

17 创建一个 Particle System（粒子系统），修改命名为 fx_dizhuguang_01（自定义），粒子系统属性参数设置如图 9-36 和图 9-37 所示。

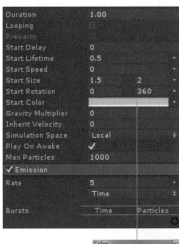

图 9-36 粒子系统属性（1）

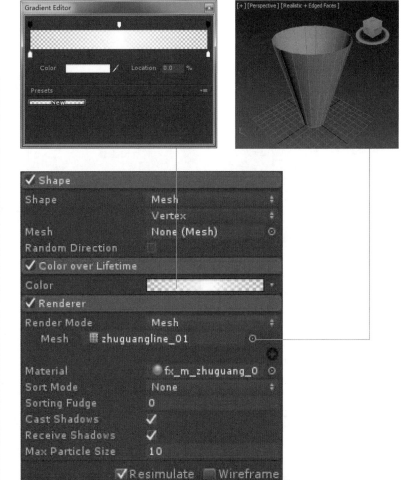

图 9-37 粒子系统属性（2）

18 首先选择 fx_m_zhuguang_01 材质球，然后将材质球赋予 fx_dizhuguang_01（粒子系统），如图 9-38 所示。

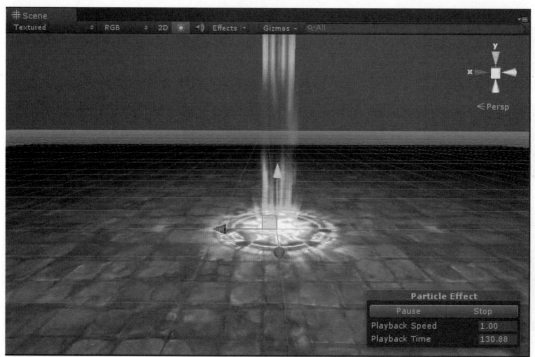

图 9-38 场景视图

19 创建一个 Particle System（粒子系统），修改命名为 fx_dizhuguang_02（自定义），粒子系统属性参数设置如图 9-39 和图 9-40 所示。

图 9-39 粒子系统属性（1）

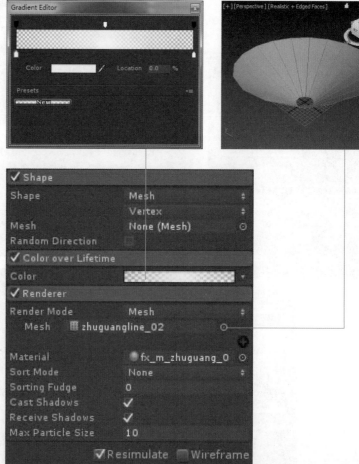

图 9-40 粒子系统属性（2）

20 同理，首先选择 fx_m_zhuguang_01 材质球，然后将材质球赋予 fx_dizhuguang_02（粒子系统），如图 9-41 所示。

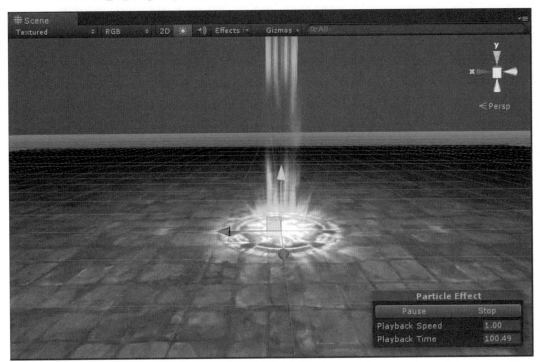

图 9-41 场景视图

21 创建一个 Particle System（粒子系统），修改命名为 fx_dizhuguang_03（自定义），粒子系统属性参数设置如图 9-42 和图 9-43 所示。

图 9-42 粒子系统属性（1）

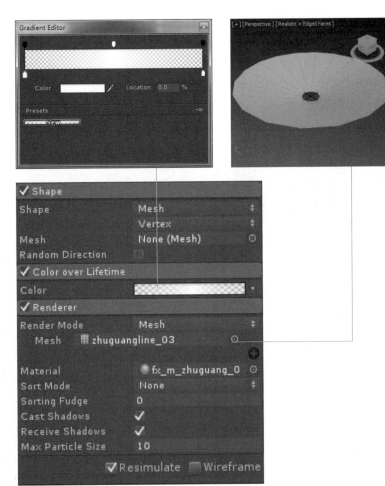

图 9-43 粒子系统属性（2）

22 同理，首先选择 fx_m_zhuguang_01 材质球，然后将材质球赋予 fx_dizhuguang_03（粒子系统），如图 9-44 所示。

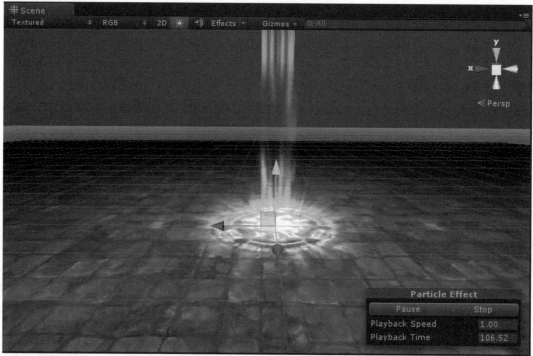

图 9-44 场景视图

23 创建一个 Particle System（粒子系统），修改命名为 fx_xingdian_01（自定义），粒子系统属性参数设置如图 9-45 和图 9-46 所示。

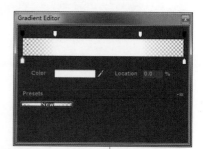

Duration	1.00	
Looping	☐	
Prewarm		
Start Delay	0.25	
Start Lifetime	0.8	1.3
Start Speed	0.2	0.5
Start Size	0.5	
Start Rotation	0	
Start Color	⬜	
Gravity Multiplier	0	
Inherit Velocity	0	
Simulation Space	Local	
Play On Awake	✓	
Max Particles	1000	
✓ Emission		
Rate	8	
	Time	
Bursts	Time	Particles
✓ Shape		
Shape	Cone	
Angle	4.7	
Radius	0.4	
Length	5	
Emit from:	Base Shell	
Random Direction	☐	

图 9-45 粒子系统属性（1）

✓ Velocity over Lifetime		
X 0	Y 0	Z 0.5
0		3
Space	Local	
✓ Limit Velocity over Lifetime		
Separate Axis	☐	
Speed	3	
Dampen	0.2	
✓ Color over Lifetime		
Color		
✓ Texture Sheet Animation		
Tiles	X 4	Y 4
Animation	Whole Sheet	
Frame over Time		
Cycles	1	
✓ Renderer		
Render Mode	Billboard	
Normal Direction	1	
Material	fx_m_xingdian_01	
Sort Mode	None	
Sorting Fudge	0	
Cast Shadows	✓	
Receive Shadows	✓	
Max Particle Size	5	
✓ Resimulate ☐ Wireframe		

图 9-46 粒子系统属性（2）

24 创建一个材质球，命名为 fx_m_xingdian_01，将赋予贴图的材质球赋予 fx_xingdian_01（粒子系统），如图 9-47~ 图 9-49 所示。

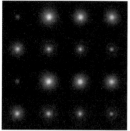

图 9-47 贴图

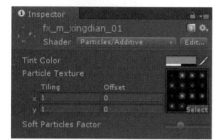

图 9-48 赋予贴图

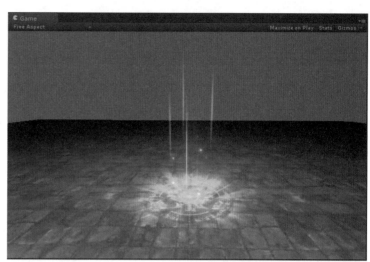

图 9-49 游戏视图

25 创建一个 Particle System（粒子系统），修改命名为 fx_yunguang_01（自定义），粒子系统属性参数设置如图 9-50 和图 9-51 所示。

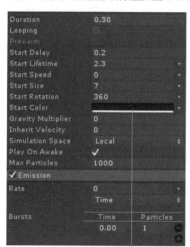

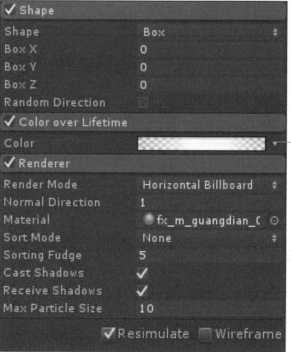

图 9-50 粒子系统属性（1）　　图 9-51 粒子系统属性（2）

26 首先选择 fx_m_guangdian_01 材质球，然后将材质球赋予给 fx_yunguang_01（粒子系统）作为补光，如图 9-52 所示。

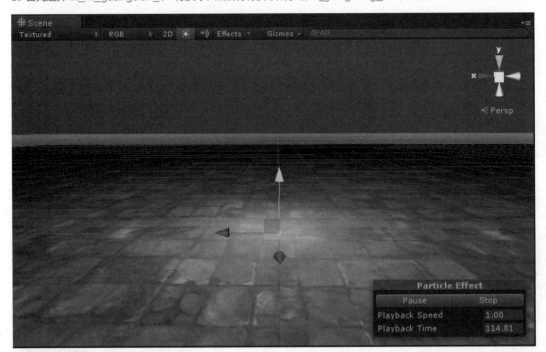

图 9-52 场景视图

27 同理创建一个 Particle System（粒子系统），修改命名为 fx_yunguang_02（自定义），粒子系统属性参数设置如图 9-53 和图 9-54 所示。

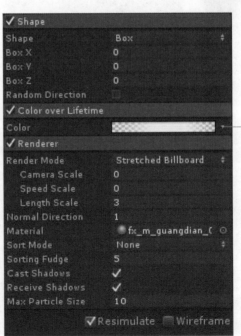

图 9-53 粒子系统属性（1）　　图 9-54 粒子系统属性（2）

28 同理，首先选择 fx_m_guangdian_01 材质球，然后将材质球赋予给 fx_yunguang_02（粒子系统）作为补光，如图 9-55 所示。

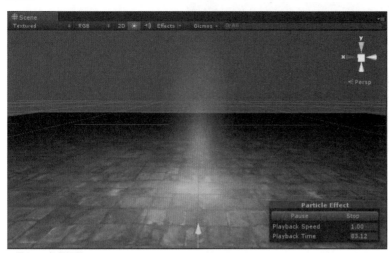

图 9-55 场景视图

29 在游戏模式中查看效果，如图 9-56~ 图 9-58 所示。

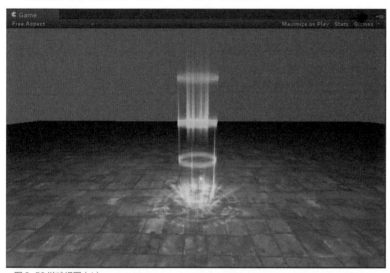

图 9-56 游戏视图（1）

图 9-57 游戏视图（2）

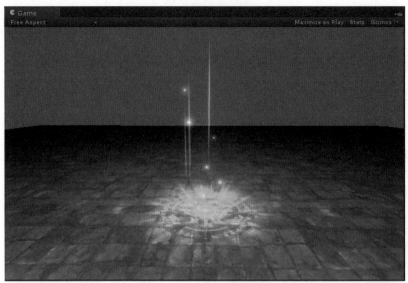

图 9-58 游戏视图（3）

9.2 实例：传送门特效案例讲解

传送门是游戏中一种隔空术。传送门可以使得玩家从一个场景关卡切换至另一个场景关卡，属于非攻击类特效；游戏中出现的位置有：地板、墙壁、山洞口、路口和门口等。游戏中常见的为地板传送门，传送门是场景中一种持续存在的效果（循环效果）。下面我们来设计制作地板传送门类效果。

01 创建一个 GameObject 空对象，命名为 fx_chuansongmen_9.2（自定义名称），位置归零。

02 首先创建一个地面参考面片模型，然后创建一个 Materials（材质球）并赋予贴图，再创建一个 Directional light 灯光。

03 创建一个 Particle System（粒子系统），修改命名为 fx_fazheng_01（自定义），
粒子系统属性参数设置如图 9-59 和图 9-60 所示。

图 9-59 粒子系统属性（1）

图 9-60 粒子系统属性（2）

04 创建一个材质球，命名为 fx_m_fazheng_01，将赋予贴图的材质球赋予 fx_fazheng_01（粒子系统　　），如图 9-61~ 图 9-63 所示。

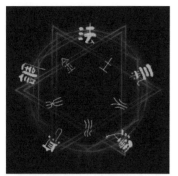

图 9-61 贴图

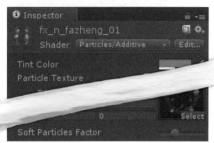

图 9-62 赋予贴图

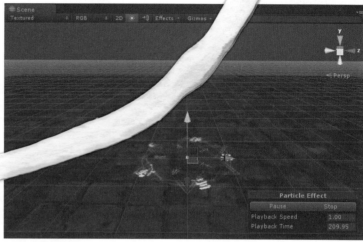

图 9-63 场景视图

05 创建一个 Particle System（粒子系统），修改命名为 fx_fazhengguang _01（自定义），粒子系统属性参数设置如图 9-64 和图 9-65 所示。

图 9-64 粒子系统
属性（1）

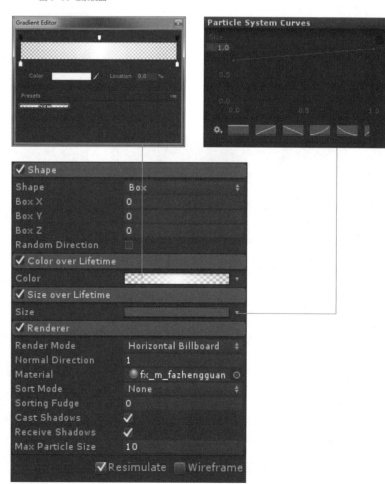

图 9-65 粒子系统属性（2）

06 创建一个材质球，命名为fx_m_fazhengguang_01，将赋予贴图的材质球赋予fx_fazhengguang_01（粒子系统），如图9-66~图9-68所示。

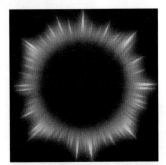
图9-66 贴图

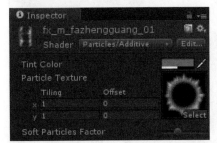
图9-67 赋予贴图

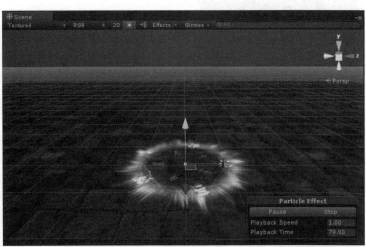
图9-68 场景视图

07 创建一个Particle System（粒子系统），修改命名为fx_gungxian_01（自定义），粒子系统属性参数设置如图9-69和图9-70所示。

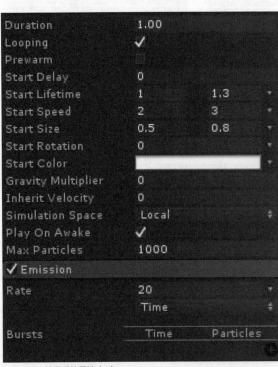
图9-69 粒子系统属性（1）

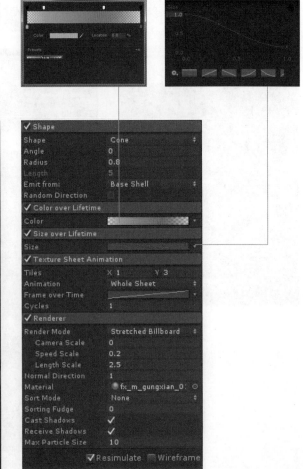
图9-70 粒子系统属性（2）

08 创建一个材质球，命名为 fx_m_gungxian_01，将赋予贴图的材质球赋予 fx_gungxian_01（粒子系统），如图 9-71~ 图 9-73 所示。

图 9-71 贴图

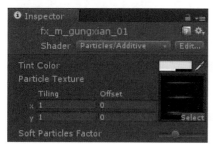

图 9-72 赋予贴图

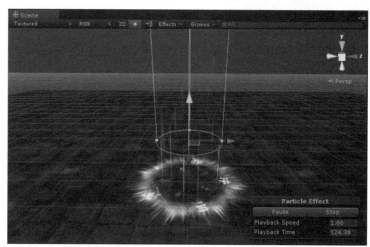

图 9-73 场景视图

09 创建一个 Particle System（粒子系统），修改命名为 fx_xingdian_01（自定义），粒子系统属性参数设置如图 9-74 和图 9-75 所示。

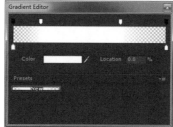

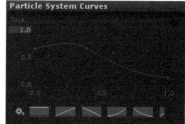

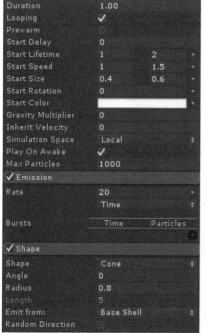

图 9-74 粒子系统属性（1）

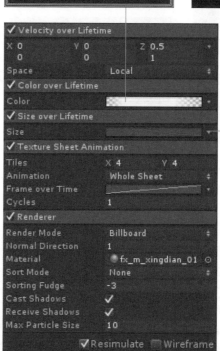

图 9-75 粒子系统属性（2）

10 创建一个材质球，命名为 fx_m_xingdian_01，将赋予贴图的材质球赋予 fx_xingdian_01（粒子系统），如图 9-76~图 9-78 所示。

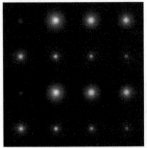

图 9-76 影格贴图

图 9-77 赋予贴图

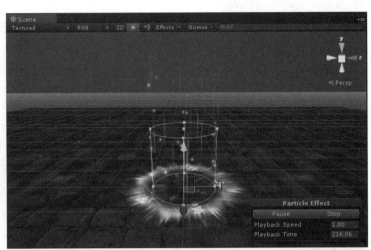

图 9-78 场景视图

11 创建一个 Particle System（粒子系统），修改命名为 fx_xuanguang_01（自定义），粒子系统属性参数设置如图 9-79 和图 9-80 所示。

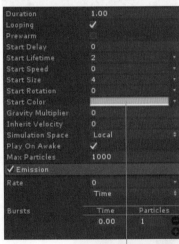

图 9-79 粒子系统属性（1）

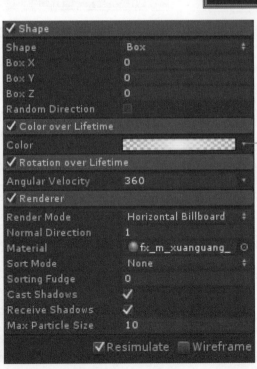

图 9-80 粒子系统属性（2）

12 创建一个材质球，命名为 fx_m_xuanguang_01，将赋予贴图的材质球赋予 fx_xuanguang_01（粒子系统），如图 9-81~图 9-83 所示。

图 9-81 贴图

图 9-82 赋予贴图

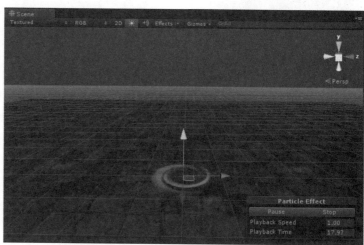
图 9-83 场景视图

13 创建一个 Particle System（粒子系统），修改命名为 fx_zhuguang_01（自定义），粒子系统属性参数设置如图 9-84 和图 9-85 所示。

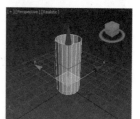

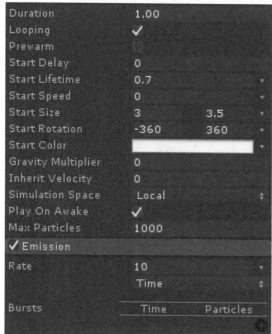
图 9-84 粒子系统属性（1）

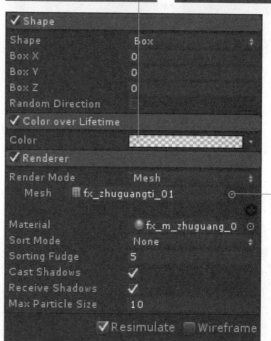
图 9-85 粒子系统属性（2）

14 创建一个材质球，命名为 fx_m_zhuguang_01，将赋予贴图的材质球赋予 fx_zhuguang_01（粒子系统），如图 9-86~图 9-88 所示。

图 9-86 贴图

图 9-87 赋予贴图

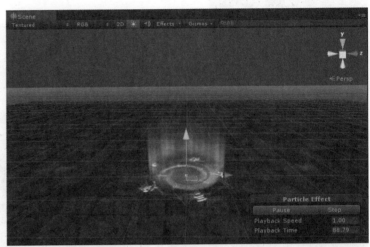

图 9-88 场景视图

15 创建一个 Particle System（粒子系统），修改命名为 fx_xuanline_01（自定义），粒子系统属性参数设置如图 9-89 和图 9-90 所示。

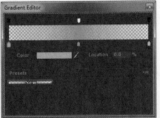

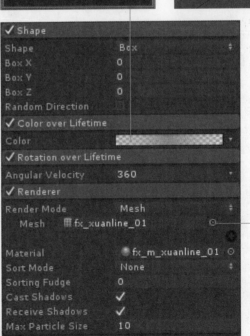

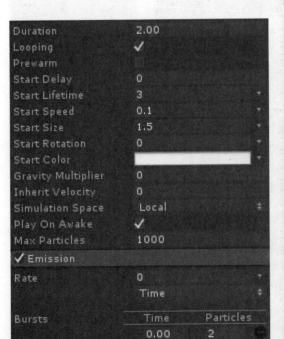

图 9-89 粒子系统属性（1）

图 9-90 粒子系统属性（2）

16 创建一个材质球，命名为 fx_m_xuanline_01，将赋予贴图的材质球赋予 fx_xuanline_01（粒子系统），如图 9-91~ 图 9-93 所示。

图 9-91 贴图

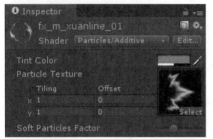

图 9-92 赋予贴图

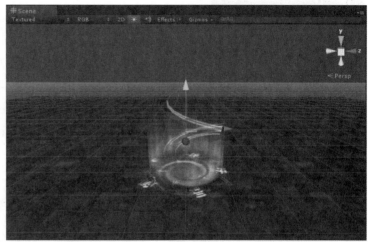

图 9-93 场景视图

17 将 fx_xuanline_01（粒子系统）复制一个，命名为 fx_xuanline_02，粒子系统属性参数设置如图 9-94 和 图 9-95 所示。

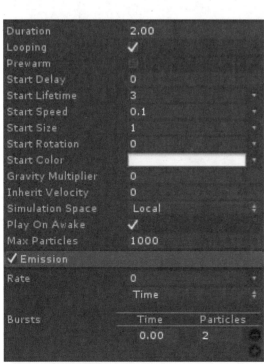

图 9-94 粒子系统属性（1）

图 9-95 粒子系统属性（2）

18 创建一个材质球，命名为 fx_m_xuanline_02，将赋予贴图的材质球赋予 fx_xuanline_02（粒子系统），如图 9-96~ 图 9-98 所示。

图 9-96 贴图

图 9-97 赋予贴图

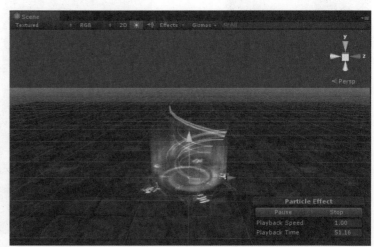

图 9-98 场景视图

19 在游戏模式中查看效果，如图 9-99 和图 9-100 所示。

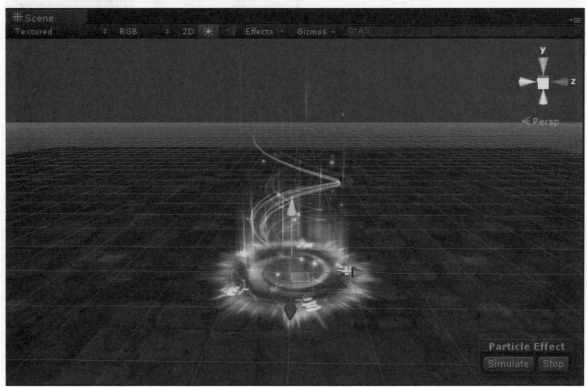

图 9-99 场景视图（1）

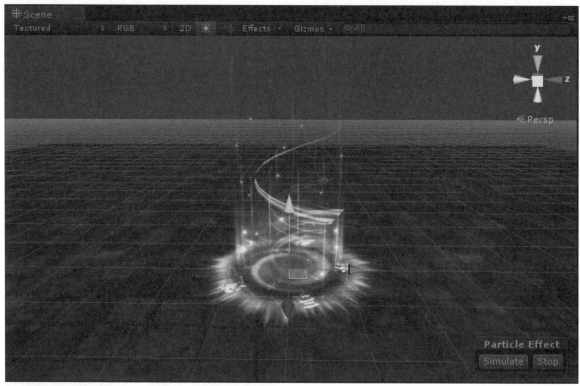

图 9-100 场景视图（2）

9.3 实例：升级特效案例讲解

游戏中升级特效是指角色（玩家操作的英雄）经验值达到规定数值时，提示玩家等级提高一级。升级效果是游戏中常用的技能，主要是一种提示作用，给玩家创造一种喜悦气氛和成就感！升级效果是增益属性，它的表现形式是一种汇聚能量且上升的感觉。本节我们就来学习升级特效的制作。

01 创建一个 GameObject 空对象，命名为 fx_shenji_9.3（自定义名称），位置归零。

02 首先创建一个地面参考面片模型，然后创建一个 Materials（材质球）并赋予贴图，再创建一个 Directional light 灯光。

03 在 3ds Max 中做一个翅膀瞬间张开的模型动画，命名为 chibangline_02 并导出，如图 9-101 所示。

04 创建一个 GameObject 空对象，命名为 fx_shengjiline（自定义名称），位置归零。设为 fx_shenji_9.3 的子物体，再将翅膀动画模型 chibangline_02 导入动画模型至 Unity 软件，如图 9-102 所示。

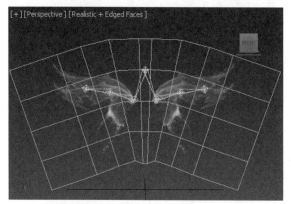

图 9-101 模型动画

图 9-102 场景视图

05 选择 fx_shengjiline 按组合键 Ctrl+6 打开动画编辑器，添加翅膀模型可见度动画，如图 9-103 所示。

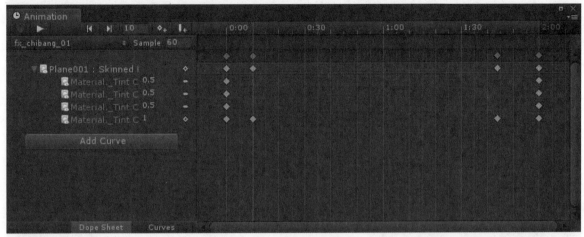

图9-103 可见度动画帧

06 创建一个 Particle System（粒子系统），修改命名为 fx_baodianline_01（自定义），粒子系统属性参数设置如图 9-104 和图 9-105 所示。

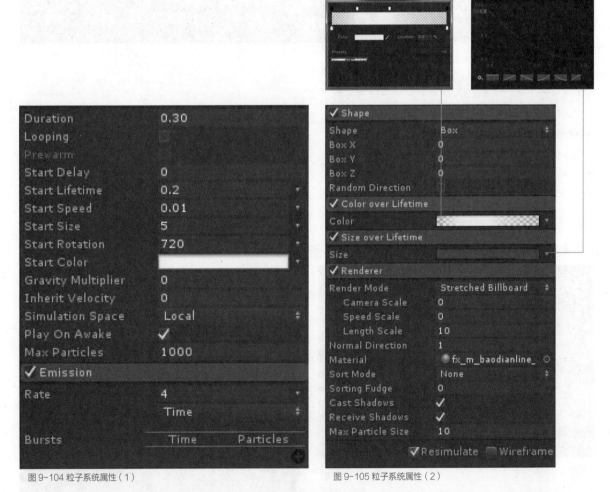

图 9-104 粒子系统属性（1）

图 9-105 粒子系统属性（2）

07 创建一个材质球，命名为 fx_m_baodianline_01，将赋予材质的材质球赋予 fx_baodianline_01（粒子系统），如图 9-106~ 图 9-108 所示。

图 9-106 贴图

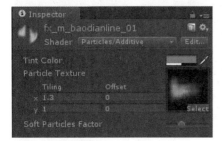

图 9-107 赋予贴图

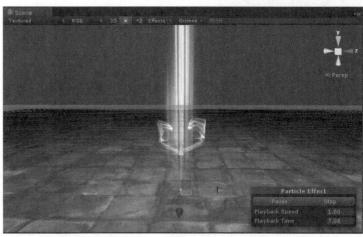

图 9-108 场景视图

08 创建一个 Particle System（粒子系统），修改命名为 fx_baodianguang_01（自定义），粒子系统属性参数设置如图 9-109 和图 9-110 所示。

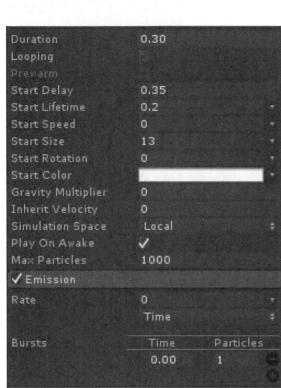

图 9-109 粒子系统属性（1）

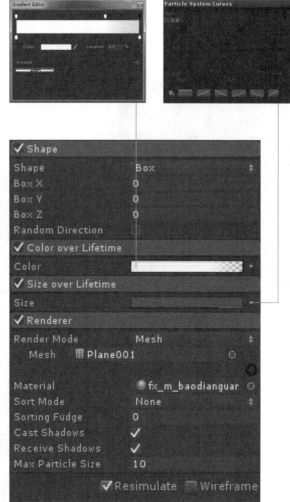

图 9-110 粒子系统属性（2）

09 创建一个材质球，命名为 fx_m_baodianguang_01，将赋予材质的材质球赋予 fx_baodianguang_01（粒子系统），如图 9-111~ 图 9-113 所示。

图 9-111 贴图

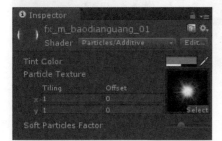

图 9-112 赋予贴图

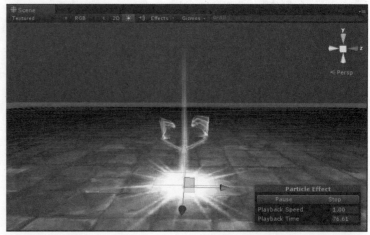

图 9-113 场景视图

10 创建一个 Particle System（粒子系统），修改命名为 fx_fazheng_01（自定义），粒子系统属性参数设置如图 9-114 和图 9-115 所示。

图 9-114 粒子系统属性（1）　　图 9-115 粒子系统属性（2）

11 创建一个材质球，命名为 fx_m_fazheng_01，将赋予材质的材质球赋予 fx_fazheng_01（粒子系统），如图 9-116~ 图 9-118 所示。

图 9-116 贴图

图 9-117 赋予贴图

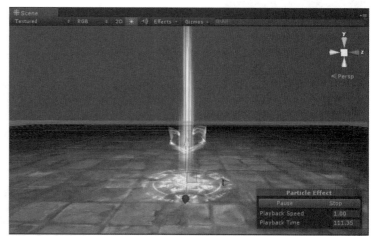

图 9-118 场景视图

12 创建一个 Particle System（粒子系统），修改命名为 fx_fazhengguang_01（自定义），粒子系统属性参数设置如图 9-119 和图 9-120 所示。

图 9-119 粒子系统属性（1）

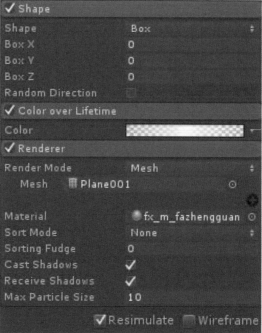

图 9-120 粒子系统属性（2）

13 创建一个材质球，命名为 fx_m_fazhengguang_01，将赋予材质的材质球赋予 fx_fazhengguang_01（粒子系统），如图 9-121~ 图 9-123 所示。

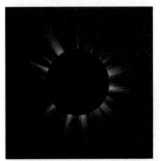

图 9-121 贴图

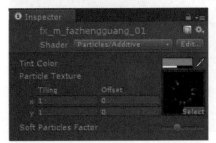

图 9-122 赋予贴图

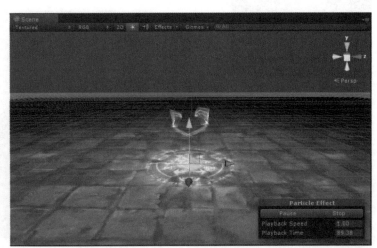

图 9-123 场景视图

14 创建一个 Particle System（粒子系统），修改命名为 fx_guangyun_01（自定义），粒子系统属性参数设置如图 9-124 和图 9-125 所示。

图 9-124 粒子系统属性（1）　　图 9-125 粒子系统属性（2）

15 创建一个材质球，命名为 fx_m_guangyun_01，将赋予材质的材质球赋予 fx_guangyun_01（粒子系统），如图 9-126~ 图 9-128 所示。

图 9-126 贴图

图 9-127 赋予贴图

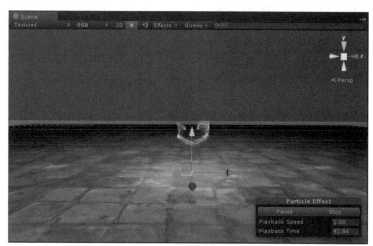

图 9-128 场景视图

16 创建一个 Particle System（粒子系统），修改命名为 fx_shuline_01（自定义），
粒子系统属性参数设置如图 9-129 和图 9-130 所示。

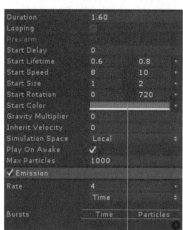

图 9-129 粒子系统属性（1）

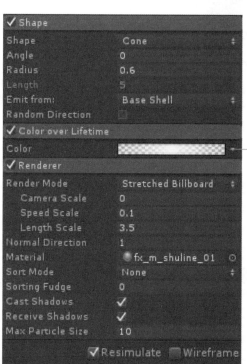

图 9-130 粒子系统属性（2）

17 创建一个材质球，命名为 fx_m_shuline_01，将赋予材质的材质球赋予 fx_shuline_01（粒子系统），如图 9-131~图 9-133 所示。

图 9-131 贴图

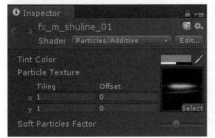

图 9-132 赋予贴图

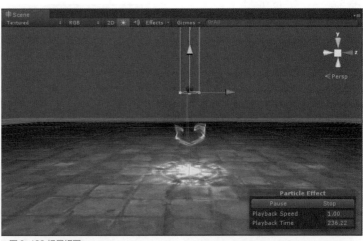

图 9-133 场景视图

18 创建一个 Particle System（粒子系统），修改命名为 fx_zhulines_01（自定义），粒子系统属性参数设置如图 9-134 和图 9-135 所示。

图 9-134 粒子系统属性（1）

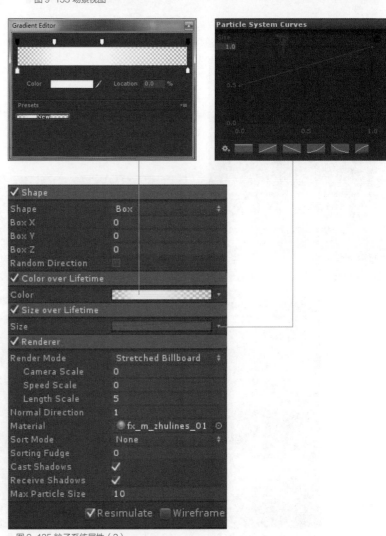

图 9-135 粒子系统属性（2）

19 创建一个材质球，命名为 fx_m_zhulines_01，将赋予材质的材质球赋予 fx_zhulines_01（粒子系统），如图 9-136~ 图 9-138 所示。

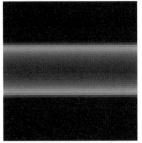

图 9-136 贴图

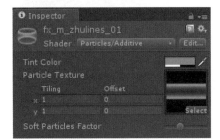

图 9-137 赋予贴图

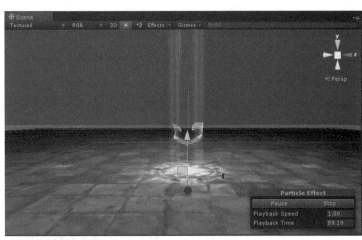

图 9-138 场景视图

20 创建一个 Particle System（粒子系统），修改命名为 fx_zhulines_02（自定义），粒子系统属性参数设置如图 9-139 和图 9-140 所示。

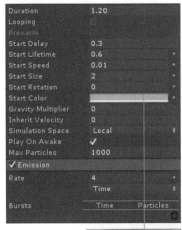

图 9-139 粒子系统属性（1）

图 9-140 粒子系统属性（2）

21 创建一个材质球，命名为 fx_m_zhulines_02，将赋予材质的材质球赋予 fx_zhulines_02（粒子系统），如图 9-141~ 图 9-143 所示。

图 9-141 贴图

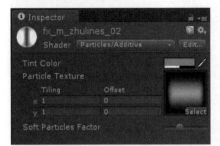

图 9-142 赋予贴图

图 9-143 场景视图

22 创建一个 Particle System（粒子系统），修改命名为 fx_zhuguang_01（自定义），粒子系统属性参数设置如图 9-144 和图 9-145 所示。

图 9-144 粒子系统属性（1）

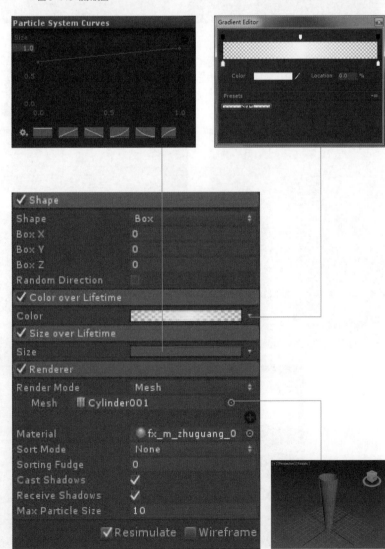

图 9-145 粒子系统属性（2）

23 创建一个材质球，命名为 fx_m_zhuguang_01，将赋予材质的材质球赋予 fx_zhuguang_01（粒子系统），如图 9-146~图 9-148 所示。

图 9-146 贴图

图 9-147 赋予贴图

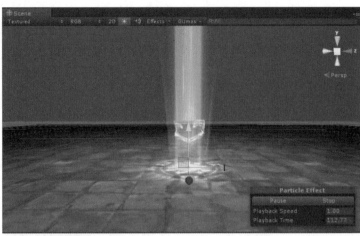

图 9-148 场景视图

24 将 fx_zhuguang_01（粒子系统）复制一个，修改命名为 fx_zhuguang_02（自定义），粒子系统属性参数设置如图 9-149 和图 9-150 所示。

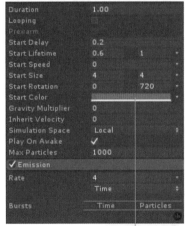

图 9-149 粒子系统属性（1）

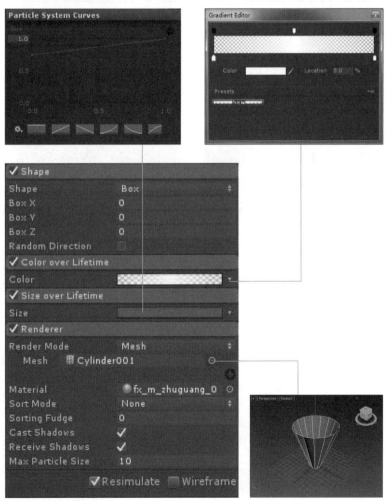

图 9-150 粒子系统属性（2）

25 选择 fx_m_zhuguang_01 材质球，将赋予材质的材质球赋予 fx_zhuguang_02（粒子系统），如图 9-151 所示。

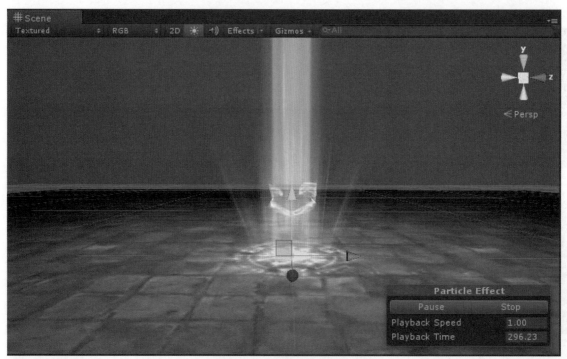

图9-151 场景视图

26 将 fx_zhuguang_01（粒子系统）复制一个，修改命名为 fx_zhuguang_03（自定义），粒子系统属性参数设置如图 9-152 和图 9-153 所示。

图9-152 粒子系统属性（1）

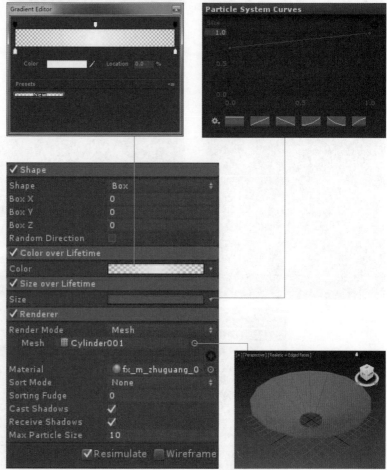

图9-153 粒子系统属性（2）

27 选择 fx_m_zhuguang_01 材质球，将赋予材质的材质球赋予 fx_zhuguang_03（粒子系统），如图 9-154 所示。

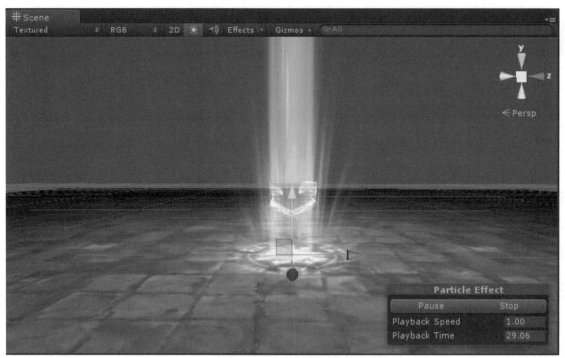

图9-154 场景视图

28 将 fx_zhuguang_01（粒子系统）复制一个，修改命名为 fx_zhuguang _04（自定义），粒子系统属性参数设置如图 9-155 和图 9-156 所示。

图 9-155 粒子系统
属性（1）

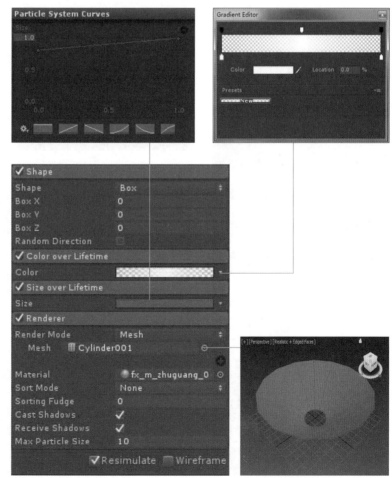

图 9-156 粒子系统属性（2）

29 选择 fx_m_zhuguang_01 材质球，将赋予材质的材质球赋予 fx_zhuguang_04（粒子系统），如图 9-157 所示。

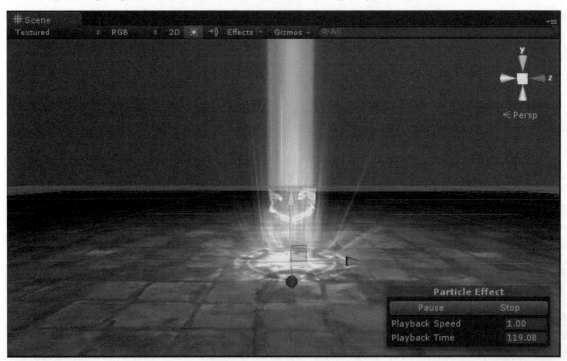

图 9-157 场景视图

30 创建一个 Particle System（粒子系统），修改命名为 fx_xuanguang_01（自定义），粒子系统属性参数设置如图 9-158 和图 9-159 所示。

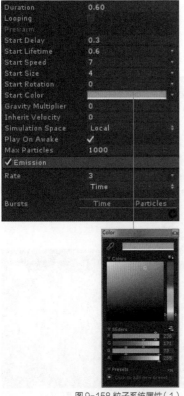

图 9-158 粒子系统属性（1）

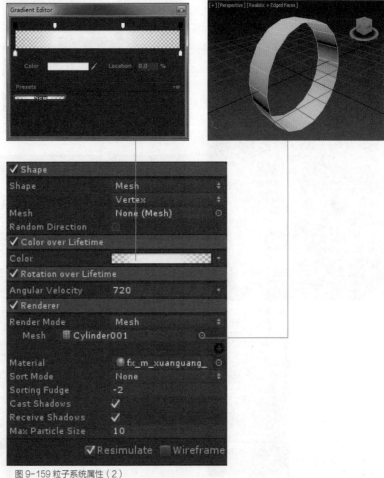

图 9-159 粒子系统属性（2）

31 创建一个材质球，命名为 fx_m_xuanguang _01，将赋予材质的材质球赋予 fx_xuanzhuanguang _01（粒子系统），如图 9-160~ 图 9-162 所示。

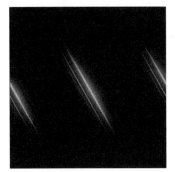

图 9-160 贴图

图 9-161 赋予贴图

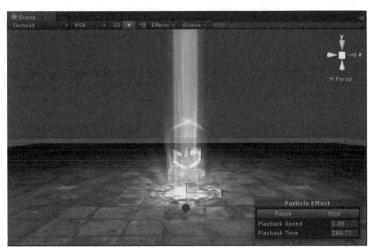

图 9-162 场景视图

32 首先在 3ds Max 中创建一个正方形面片模型，然后将模型导时命名为 wenizi_01（可自定义）；将 wenizi _ 01 拖动至层级列表中，且将命名修改为 fx_wenizi_01，如图 9-163 所示。

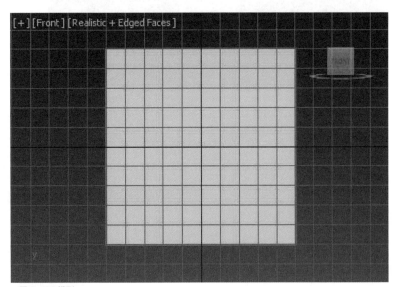

图 9-163 模型

33 创建一个材质球，命名为 fx_m_wenizi _01，将赋予材质的材质球赋予 fx_ wenizi_01（粒子系统），如图 9-164~ 图 9-166 所示。

图 9-164 贴图

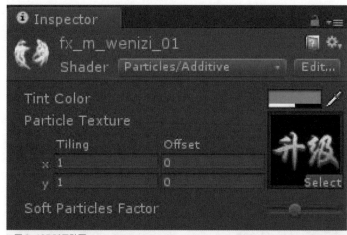

图 9-165 赋予贴图

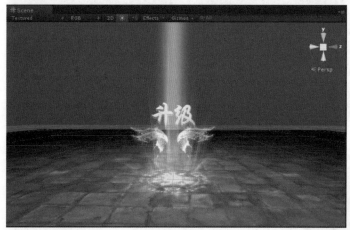

图 9-166 场景视图

34 选择 fx_wenizi_01，然后按组合键 Ctrl+6，在弹出的动画控制器中首先生成一个动画控制器,命名为 wenizila_01(自定义)，然后添加 Scale(缩放)、Position(位置)、可见度等属性，如图 9-167 所示。

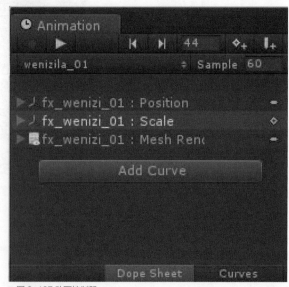

图 9-167 动画控制器

35 选择缩放属性，将动画帧拖动至第 0 帧位置，将大小设置为 0；将动画帧拖动至第 44 帧位置添加一个动画帧；将动画帧拖动至 49 帧位置，将缩放参数设置为 2；将动画帧拖动至 54 帧位置，将缩放参数设置为 1；将动画帧拖动至 59 帧位置，将缩放参数设置为 1.3；最后将动画帧拖动至 127 帧位置，将缩放参数设置为 1.3、如图 9-168 和图 9-169 所示。

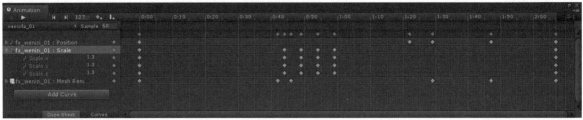

图 9-168 缩放动画

图9-169 缩放动画曲线

36 选择位置属性,将第 0 帧 Y 轴参数设置为 4.5;将动画帧拖动至 49 帧位置,将 Y 轴参数设置为 4.5;将动画帧拖动至 89 帧位置,将 Y 轴参数设置为 2;将动画帧拖动至 107 帧位置,将 Y 轴参数设置为 10;最后将动画帧拖动至 127 帧位置,将 Y 轴参数设置为 10,如图 9-170 和图 9-171 所示。

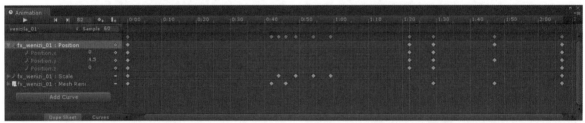

图 9-170 位移动画

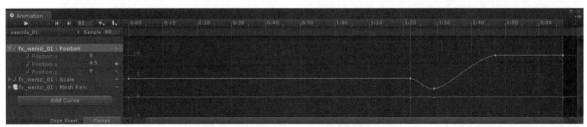

图9-171 位移动画曲线

37 选择可见度属性,将第 0 帧将 Tint Color.a 参数设置为 0;将动画帧拖动至 42 帧位置,添加帧,将 Tint Color.a 参数设置为 0;将动画帧拖动至 46 帧位置,添加帧,将 Tint Color.a 参数设置为 0.5;将动画帧拖动至 89 帧位置,添加帧,将 Tint Color.a 参数设置为 0.5;再将动画帧拖动至 107 帧位置,添加帧,将 Tint Color.a 参数设置为 0;最后将动画帧拖动至 127 帧位置,添加帧,将 Tint Color.a 参数设置为 0,如图 9-172 和图 9-173 所示。

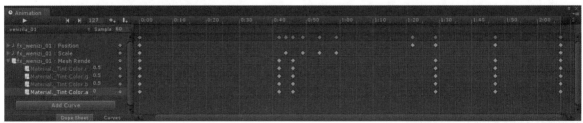

图 9-172 可见度动画

图9-173 可见度动画曲线

38 创建一个 Particle System（粒子系统），修改命名为 fx_xingdian_01（自定义），粒子系统属性参数设置如图 9-174 和图 9-175 所示。

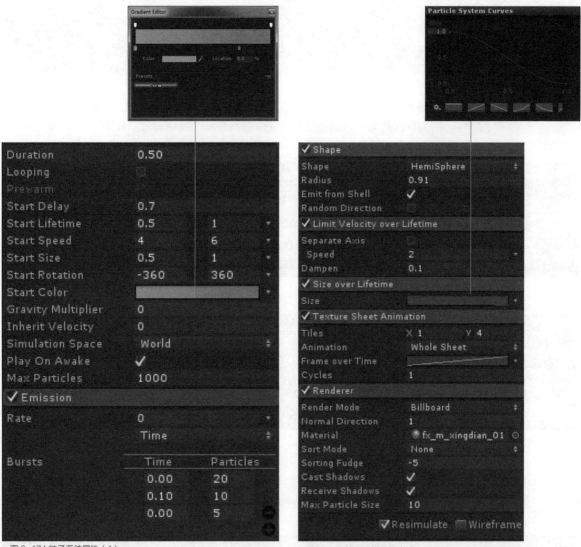

图9-174 粒子系统属性（1）

图9-175 粒子系统属性（2）

39 创建一个材质球，命名为 fx_m_xingdian _01，将赋予材质的材质球赋予 fx_xingdian _01（粒子系统），如图 9-176~ 图 9-178 所示。

图9-176 贴图

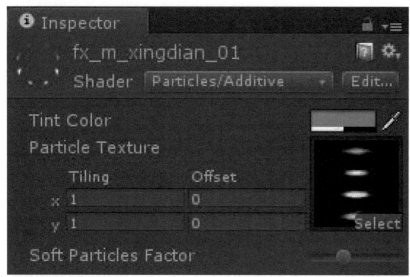

图 9-177 赋予贴图

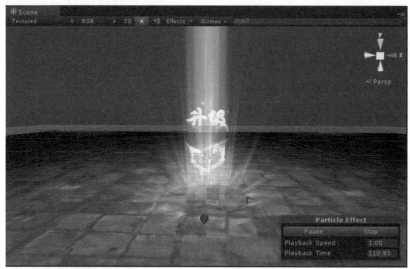

图 9-178 场景视图

40 查看升级特效效果，如图 9-179~ 图 9-181 所示。

图 9-179 游戏视图（1）

图 9-180 游戏视图（2）

图 9-181 游戏视图（3）